当代视角下的中国传统建筑形态特征与发展演变

唐　魁　潘国刚　著

科学出版社

北京

内 容 简 介

本书梳理了中国传统建筑在"面"上的形态特征和在"线"上的发展演变,并对当代中国建筑创作进行了反思,针对中国建筑师的本土实践进行"点"上的深入剖析,讨论了如何在坚守文化内核的同时,对传统建筑的空间布局、构造做法等进行创新,阐明了传统建筑对当代创作的启示。

本书适合建筑行业从业人员,以及高等院校建筑类相关专业的师生参考使用。

图书在版编目(CIP)数据

当代视角下的中国传统建筑形态特征与发展演变/唐魁,潘国刚著. —北京:科学出版社,2022.4

ISBN 978-7-03-062412-3

Ⅰ.①当… Ⅱ.①唐… ②潘… Ⅲ.①建筑史-研究-中国 Ⅳ.①TU-092

中国版本图书馆 CIP 数据核字(2019)第 212956 号

责任编辑:冯 涛 李程程 / 责任校对:王 颖
责任印制:吕春珉 / 封面设计:东方人华平面设计部

科学出版社 出版
北京东黄城根北街 16 号
邮政编码:100717
http://www.sciencep.com

北京中科印刷有限公司 印刷
科学出版社发行 各地新华书店经销

*

2022 年 4 月第 一 版 开本:B5(720×1000)
2022 年 4 月第一次印刷 印张:12 3/4
字数:258 000

定价:120.00 元

前　言

中国的城镇化进程快速推进，建筑行业的发展日新月异，在建设了一批充满时代气息、呈现中国特色的标志性建筑的同时，也出现了一些形形色色、奇奇怪怪的建筑形式。早在 2015 年 4 月，《人民日报》就刊登了《中国建筑要有文化自信》一文，鞭辟入里地揭示了建筑行业的五大乱象：崇洋、求怪、趋同、贪大、逐奢。这些乱象反映出我国建筑行业缺乏文化自信，决策者和建筑师也缺乏必要的文化修养。当代建筑创作不是无源之水、无本之木，不能随意复制山寨建筑，不能颠覆传统、一味标新立异，更不可笃信"外来的和尚会念经"。建立文化自信，构建能体现当代中国特色的建筑文化是首要任务。而文化自信要建立在文化自觉的基础上，文化自觉意味着在当下要对中国传统建筑进行深入的研究，厘清中国传统建筑文化的来龙去脉和优劣短长，这样才能建立正确的建筑创作价值取向。

作者长期工作在建筑学专业的本科教学一线，主讲中国建筑史和中国古典园林等课程，由于受众都是有建筑学专业背景的学生，加之作者自己的研究方向也是建筑设计及其理论，教学的全过程一直贯穿着引导学生树立正确的建筑创作价值观的思想。学习的目的不是为了单纯地记忆知识，而是为了文化修养、思想觉醒、方法挖掘。对于大学的教育，价值观的引导是首要的。学生通过提高自身修养建立起文化自觉和文化自信，并且明晰传统建筑的局限性和先进性，才能推动建筑设计的创新，最终使传统能够适应当下的发展而真正得以存活。在长达 8 年的教学过程中，作者在总体上形成了"面上建构、线上梳理、点上剖析，横向联系、纵向类比、延伸扩展"的教学思想，同时这种思想也逐步转化为本书写作的基本思路。

本书首先梳理了中国传统建筑的形态特征，并且深入剖析了每一项特征背后的成因，分析宏观特征在具体建筑案例上的表现。第一篇为读者建立基本的知识图景，完成对传统建筑形态的面上建构。在建立宏观图景的基础上，第二篇沿着时间轴梳理了中国传统建筑的发展演变，分析了每一个社会时期建筑发展的主要特征，着重梳理了木构体系、砖石体系和群体建筑组合的演变。在此基础上，又进一步梳理了各个建筑类型的发展演变及演变特点。第三篇对当代中国建筑创作进行反思，点明了中国传统建筑的当代性，并通过对中国建筑师的本土实践案例进行点上剖析，思考如何对中国传统的建造方式和空间布局进行继承与创新，既能表达出中国传统建筑的文化内核，又能实现功能、材料和技术的革新以适应当代的需求，最终阐明传统建筑对当代建筑创作的启示。

　　本书在写作过程中将传统建筑和当代建筑进行横向联系，一方面思考传统建筑如何从当代汲取力量，完成自身的变革、更新而得以延续和存活；另一方面要思考当代建筑如何从传统中获取智慧，使新的建筑立足本土而获得强大的生命力。"参天之树，必有其根；怀山之水，必有其源。"建筑创作要追根溯源，融入中国的文化血脉，扎根中国的文化土壤。在横向联系的基础上，本书在对不同的建筑类型和建筑案例进行剖析的过程中进行纵向类比，进行其中的差异性表达。当代中国城市"千城一面"现象的根源就在于忽视了地域性和创新性，对传统建筑的继承和发扬也面临相同的问题，不能不顾建筑的地域、功能和规模而采用一致的手法。我们必须要探讨在保有相同文化内核的基础上，对传统进行多种语境、多种手段的差异化表达。本书将读者的视角从中国的传统建筑向外进行延伸扩展，使读者能够从长时间段、多角度、多维度去重新审视中国的传统建筑，跳出过去埋头研究传统建筑的窠臼。例如，在讨论传统木构建筑时，并没有将视野进行锁定，而是扩展到了现代建筑普遍采用的框架结构、国家大力倡导的工业化建筑等，读者能够从当代的视角、技术的视角、环保的视角、全球化的视角去重新思考传统木构的优越性。

　　我们的建筑创作只有扎根中国本土，才能向世界舞台展示自己的特色。建筑学专业的大学生作为中国未来的建筑师，必须要清醒地认识到中国建筑创作的道路，不在西方，不在过去，而在正前方。但向前走并不意味着抛弃过去，也不意味着屏蔽外来，向前走是坚守自己的文化内核，用传统的智慧强大自己，用外来的力量武装自己，通过联系、类比、创新、转换，构建出中国独有的、能够被广泛认同的建筑语汇，与传统对话、与世界接轨。本书为读者提供一个崭新的视角去审视传统建筑，启发读者思考中国传统建筑如何从过去走向当代。

　　在本书的写作过程中，唐魁主要负责整体书稿的撰写，潘国刚负责基础资料的整理、图片表格的绘制。

　　限于作者的经验与水平，书中难免存在不足之处，恳请同行批评指正。

目　录

第一篇　中国传统建筑的形态特征

第一章　主流结构体系——木构建筑 ·· 3

第一节　木构建筑的优越性 ·· 4
一、循环、绿色的生命周期 ·· 4
二、灵活、自由的适应性 ·· 5
三、整体、耗能的抗震性 ·· 7
第二节　木构建筑的局限与突破 ·· 9
一、资源供给 ·· 9
二、材料性能 ·· 10
三、空间结构 ·· 11
四、受力结构 ·· 12
第三节　木构建筑的结构构造 ·· 13
一、主要结构类型 ·· 13
二、主要结构构件 ·· 15
三、主要构造方式 ·· 16
第四节　木构架建筑的工业化特征 ·· 17
一、"工业化"视角下的工官与工匠 ·· 18
二、传统木构建筑的工业化特征 ·· 18
三、传统木构建筑未被全面继承的原因 ·· 20
四、木构建筑的工业化发展前景 ·· 21
拓展阅读书目 ·· 23

第二章　群体建筑组合——院落式布局 ·· 24

第一节　中西方传统建筑布局的差异 ·· 24
一、西方传统建筑布局：空间包围着房屋 ·· 24
二、中国传统建筑布局：房屋包围着空间 ·· 25
第二节　中国传统建筑院落构成法则 ·· 26
一、院落单元的构成方式 ·· 26
二、院落格局的变通策略 ·· 27

三、院落组合的控制原则 ··28

四、建筑群体的组织程序 ··28

第三节　构成法则与社会文化的契合 ··28

一、内向庭院与物我一体 ··29

二、门堂分立与内外有别 ··29

三、层次深远与等级差异 ··30

四、内聚封闭与内向尚祖 ··30

五、主次分明与长幼尊卑 ··31

第四节　中国传统建筑群院落空间形态分析 ··32

一、传统建筑院落式布局的类型 ··32

二、传统建筑院落式布局的"缺陷"分析 ··34

拓展阅读书目 ··38

第三章　单体建筑构成——三段式构图 ··39

第一节　三段式构图 ··39

一、三段式构图的普适性 ··39

二、中国建筑的三段式构图 ··40

三、西方建筑的三段式构图 ··40

第二节　台基 ···41

一、台基的作用 ··41

二、台基的构成 ··43

三、台基的种类 ··44

四、台基的附属构件 ··45

第三节　屋身 ···46

一、屋身的作用 ··46

二、面阔与进深 ··46

三、开间与等级 ··47

四、柱子 ···48

五、斗拱 ···49

第四节　屋顶 ···51

一、屋顶的演化 ··51

二、屋顶的作用 ··52

三、屋顶的类型 ··52

四、屋顶的组合 ··55

五、屋顶的构造 ··56

六、屋顶的装饰 ·· 57

七、现代大屋顶建筑刍议 ···································· 58

拓展阅读书目 ·· 59

第四章　中国建筑与中国文化 ··································· 60

第一节　工官制度 ·· 60

一、匠人、工官与建筑师的概念辨析 ················· 60

二、工官制度与营造规范 ···································· 61

三、官式建筑与民间建筑 ···································· 62

第二节　营造活动中的观念形态 ···························· 64

一、天人合一 ··· 64

二、物我一体 ··· 65

第三节　中国传统建筑的空间观念 ························· 66

一、中心 ·· 66

二、方位 ·· 66

三、轴线 ·· 67

四、平面 ·· 68

五、等级 ·· 68

拓展阅读书目 ·· 69

第二篇　中国传统建筑的发展演变

第五章　发展综述 ·· 73

第一节　中国传统建筑的历史发展阶段 ················· 73

第二节　传统建筑的兴盛与危机 ···························· 74

一、与外部环境的契合 ······································· 74

二、受外部环境的束缚 ······································· 76

拓展阅读书目 ·· 79

第六章　原始社会和奴隶社会建筑 ·························· 80

第一节　原始社会早期的建筑 ······························· 80

第二节　原始社会晚期的建筑 ······························· 80

一、仰韶文化 ··· 80

二、龙山文化 ··· 81

三、河姆渡文化 ·· 82

　　　　四、红山文化 ··· 83

　　　　五、小结 ··· 83

　　第三节　奴隶社会发展概况 ··· 83

　　　　一、文字 ··· 84

　　　　二、礼仪 ··· 84

　　第四节　奴隶社会的建筑现象 ·· 85

　　　　一、院的出现和发展 ·· 85

　　　　二、建筑体系 ·· 87

　　　　三、建筑技术 ·· 87

　　　　四、小结 ··· 87

　　拓展阅读书目 ·· 88

第七章　封建社会前期建筑 ·· 89

　　第一节　封建社会前期发展概况 ··· 89

　　第二节　春秋、战国时期建筑发展 ·· 90

　　　　一、背景概述 ·· 90

　　　　二、发展概况 ·· 90

　　　　三、高台建筑 ·· 91

　　第三节　秦、汉时期建筑发展 ·· 92

　　　　一、背景概述 ·· 92

　　　　二、发展概况 ·· 92

　　　　三、木构建筑 ·· 93

　　　　四、明堂辟雍 ·· 94

　　第四节　三国、两晋、南北朝时期建筑发展 ··· 95

　　　　一、背景概述 ·· 95

　　　　二、发展概况 ·· 95

　　　　三、佛塔 ··· 96

　　　　四、石窟 ··· 97

　　拓展阅读书目 ·· 99

第八章　封建社会中期建筑 ·· 100

　　第一节　封建社会中期发展概况 ··· 100

第二节　隋唐时期建筑发展 ································· 100

一、背景概述 ··· 100

二、发展概况 ··· 101

三、木构建筑 ··· 102

四、砖石建筑 ··· 103

五、群体建筑 ··· 104

第三节　五代时期建筑发展 ································· 104

第四节　宋代建筑发展 ····································· 105

一、背景概述 ··· 105

二、发展概况 ··· 105

三、群体组合 ··· 106

四、木构建筑 ··· 106

五、砖石建筑 ··· 107

六、装修与色彩 ······································· 108

七、园林建筑 ··· 108

第五节　辽、金、西夏建筑发展 ··························· 109

拓展阅读书目 ··· 110

第九章　封建社会晚期建筑 ··································· 111

第一节　封建社会晚期发展概况 ··························· 111

第二节　元代建筑发展 ····································· 111

一、背景概述 ··· 111

二、城市建设 ··· 111

三、木构建筑 ··· 112

四、宗教建筑 ··· 113

五、水利工程 ··· 114

第三节　明代建筑发展 ····································· 114

一、背景概述 ··· 114

二、城市建设 ··· 114

三、木构建筑 ··· 115

四、砖构建筑 ··· 116

五、群体建筑 ··· 116

第四节　清代建筑发展 ····································· 116

一、背景概述 ··· 116

二、木构建筑 ··· 117

　　　三、园林建筑 ·· 118
　拓展阅读书目 ·· 118

第十章　各类型建筑发展演变规律 ·· 119
　第一节　宫殿建筑发展 ··· 119
　　　一、概述 ·· 119
　　　二、宫殿发展 ·· 119
　　　三、案例分析 ·· 122
　第二节　坛庙建筑发展 ··· 123
　　　一、概述 ·· 123
　　　二、坛庙发展 ·· 124
　　　三、案例分析 ·· 124
　第三节　陵墓建筑发展 ··· 126
　　　一、概述 ·· 126
　　　二、陵墓发展 ·· 127
　　　三、案例分析 ·· 128
　第四节　汉传佛教建筑发展 ·· 130
　　　一、概述 ·· 130
　　　二、宗教发展 ·· 130
　　　三、案例分析 ·· 132
　第五节　园林建筑发展 ··· 135
　　　一、概述 ·· 135
　　　二、园林发展 ·· 135
　　　三、案例分析 ·· 137
　拓展阅读书目 ·· 138

第三篇　中国传统建筑的当代性及其实践

第十一章　对当代中国建筑创作的反思 ·· 141
　第一节　21 世纪的中式建筑 ··· 141
　　　一、中国仿古建筑众多的原因 ··· 141
　　　二、从传统建筑中汲取力量 ·· 142
　第二节　21 世纪的大同样式 ··· 144
　　　一、对"千城一面"的反思 ··· 144
　　　二、旧与新、真与假 ·· 145

第三节　中国当代建筑的创新之路 ·· 146

　　一、缺乏创新的症结 ·· 146

　　二、传承与创新 ·· 148

拓展阅读书目 ·· 150

第十二章　当代建筑对中国传统建造方式的再演绎 ····················· 151

第一节　传统材料及建造方式的重生——业余建筑工作室相关
　　　　作品分析 ·· 151

　　一、循环建造模式的践行——中国美术学院象山校区一期 ·············· 151

　　二、夯土与木构的革新——水岸山居（象山校区二期专家接待中心） ·· 153

　　三、瓦爿墙与竹模板混凝土的实践——宁波博物馆 ······················ 155

　　四、小结 ··· 157

第二节　环境差异与建造差异——迹·建筑事务所（TAO）相关
　　　　作品分析 ·· 158

　　一、乡村中的传统建造体系——高黎贡手工造纸博物馆 ················· 158

　　二、城市中的新型建造体系——林会所 ······································· 160

　　三、小结 ··· 162

第三节　传统建造方式再演绎的思想内核 ······································· 164

　　一、传递记忆、回应环境的材料观 ··· 164

　　二、环保绿色、循环利用的生态观 ··· 164

　　三、珍视传统、创新表达的价值观 ··· 165

　　四、因地制宜、和谐共生的环境观 ··· 166

拓展阅读书目 ·· 166

第十三章　当代建筑对中国传统空间布局的再诠释 ····················· 167

第一节　传统空间布局的差异化表达——山水秀建筑设计事务所
　　　　作品解析 ·· 167

　　一、城市环境中传统空间意境的抽象表达——华鑫中心 ················· 168

　　二、古镇环境中传统空间原型的植入——朱家角人文艺术馆 ·········· 171

　　三、乡村环境中传统空间元素的转译——金陶村村民活动室 ·········· 174

　　四、小结 ··· 177

第二节　尊重环境、因地制宜的空间布局——李兴钢建筑工作室相关
　　　　作品解析 ·· 178

　　一、折顶拟山、因树作庭——绩溪博物馆 ···································· 178

　　二、比例同构、分形加密——微缩北京：大院胡同 28 号的改造 ········· 181

三、小结 ……………………………………………………………… 184

第三节　传统空间布局再诠释的创作思想 ……………………………… 185

一、天人合一、物我一体的自然观 ……………………………… 186

二、小中见大、咫尺千里的空间观 ……………………………… 186

三、内向含蓄、因地制宜的布局观 ……………………………… 186

四、轻盈舒展、疏密有致的审美观 ……………………………… 187

拓展阅读书目 …………………………………………………………… 188

后记 ……………………………………………………………………… 189

第一篇 中国传统建筑的形态特征

第一章 主流结构体系——木构建筑

纵观中国古代建筑发展的历史，不难发现这是一部以木构建筑作为主旋律的历史，整个进程虽缓慢却延续不断。木构架即为建筑的承重体系，是整座房子的结构与骨架，一般由柱、梁、枋、檩、椽和斗拱等构件组成。这些构件按位置、构造等要求合理排布，最终构成木构建筑的整体支撑框架。木构架这一结构体系能够经得住几千年的检验而不衰亡或被其他体系所取代，这充分说明了它在同时期的优越性。世界上任何其他发展成熟的建筑体系，在现代建筑产生之前，都是以砖石体系为主，包括印度建筑和伊斯兰教建筑。只有中国和深受中国影响的日本、朝鲜，才选择了木构体系。

中国从原始社会到封建社会的住宅基本上都采用土木结构，代表建筑最高成就的帝王宫殿及坛庙，宗教建筑的寺观也基本上全部采用木结构。这一现象与西方传统建筑有着显著的差异。在西方古代建筑历史的发展中，大量的神庙、教堂、宫廷、皇家公共建筑都采用砖石体系。西方建筑历史发展的主线是以砖石结构为主的宗教建筑，只有民间的居住建筑才会以木结构为主，成为与主流砖石结构建筑并行发展的一个分支。

我们来简要梳理一下时间轴上中国传统木构建筑体系发展演变的历程。原始社会木骨泥墙的结构体系已经出现，从黄河流域西安半坡村的遗址复原图中可以看到倾斜的屋面、直立的屋身，这一后世建筑的基本形象已经形成。到了奴隶社会，从西周凤雏村的遗址中可以看到，木构建筑群体严谨、对称的院落布局也已完全形成。所以说，中国的木构单体及其院落式群体组合是一套非常早熟的建筑体系。而后经历了漫长的封建社会，从汉代的画像砖、陶屋或明器都可以看出，木构建造体系、建筑形象及院落布局都被延续了下来。唐代的木构发展已然十分成熟，组合多样、结构真实、尺度宏大，但基本的形制没有改变。宋代的木构建筑更加定型化、模数化，装修细腻、色彩绚丽。一直到明清时期，建筑的组合更加复杂，建筑各部分比例有所调整，装饰装修更加精细，但基本的形制还是未曾改变。

从图 1.1 中可以清楚地看到：中国传统木构建筑，在同一概念和原则之下，由低级向高级不断进化，这个过程虽然缓慢但连续不断。中国传统木构体系的发展未曾发生根本性的变革，延续了几千年。这种延续性说明了什么？是足够的成熟、伟大、优越与丰富，还是陈陈相因、停滞不前？一种建筑体系，能够经历几千年的历史而不衰亡，无论如何都说明了它是极其优越，经得起历史的冲击和考验的。换句话说，木构体系自身一定具有砖石体系所不可比拟的先进性。而木构体系的先进性，首先要从剖析其自身的优势说起。

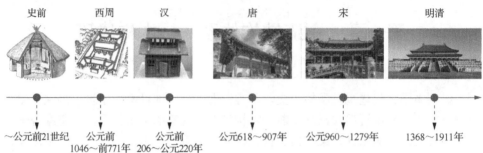

图1.1　中国传统木构建筑的发展演变

第一节　木构建筑的优越性

一、循环、绿色的生命周期

木材是可再生、可重复利用、可降解的生物质材料，对环境的消耗远小于现代建筑普遍使用的钢筋和水泥。木构体系从摇篮到坟墓可以形成循环、绿色的生命周期。即便是在世界范围的材料研究领域，木材也被各国专家一致认为对生态环境保护具有积极意义。

1. 取材加工

木材作为一种取材广泛的建筑材料，与现代建筑中常用的钢筋混凝土相比，具有绿色可再生优势。树木在生长过程中有利于生态环境的改善，顺应生态文明建设的发展趋势，而钢筋混凝土在加工过程中，会对自然环境造成一定的污染。在同样厚度的前提下，由于木材为绝热体，其隔热值比现在的标准混凝土高16倍，比钢材高400倍，比铝材高1600倍[1]。树木被砍伐后，经过初步加工，就能成为可供建筑及制造器物用的材料。与石材相比，木材更便于切割，可以快速加工成各种模数化的构件。

2. 施工建设

传统木构架的构件采用凹凸结合的榫卯构造，可以在施工前被批量预制好，运送到工地进行现场组装。其施工速度远比西方的砖石体系要快。欧洲的教堂往往要花上百年才能建成，而重建故宫三大殿只需要3年时间。木构建筑的施工简易、工期短，这一优势在现代技术的助推下得以进一步突显。木结构房屋所用的

---

① 王天成. 从典型案例探析木结构建筑的发展[J]. 绿色科技，2012（9）：255-256.

结构构件和连接件都是在工厂按标准加工生产，再运到工地的。现场稍加拼装即可建成一座漂亮的木房子，建房就像小孩子搭积木、拼装玩具一样简单[①]。在施工现场，木构的建筑垃圾、建筑噪声等问题相较于其他建造方式都能降到最低。

3. 修缮与搬迁

传统木构建筑相较于砖石体系建筑更易于改造和维修。其榫卯节点具有可拆卸性，在后期的使用过程中，哪个构件发生了损坏，可以加工一个新的构件进行替换。历史上不止一次地发生宫殿和庙宇拆卸—搬迁—重建的案例，例如，山西省永乐宫从现在的永济市移至芮城县内。历史上还发生过把从旧建筑拆卸的木料用到新建筑上的事件。木构建筑即便是被废弃不用，最终腐坏、降解也是重回大地，不产生永久性的建筑垃圾，堪称环保建筑的典范。

我们把传统的木构建筑与现在国家大力提倡和推广的工业化建筑进行联系与比较，不难发现中国古老的木构体系已具备先进的工业化特征：预制构件生产，现场装配施工，可减少现场湿作业，缩短工期，减少污染。无论是从建筑的规划布局、建造施工，还是后期的运行维护、拆除转移等各个环节来看，木构体系都符合生态文明社会对绿色环保的要求，能够将建筑对自然环境的负面影响尽可能控制在最小范围。经过上述分析，绿色、循环的生命周期是木构体系的第一个显著优势。

二、灵活、自由的适应性

木构体系的第二个优势体现在它的适应性能上，特别是将它与砖石体系建筑进行比较，更能显示出木构体系的灵活与自由。这种强大的适应性归根结底还是由于木构建筑中承重体系与围护体系是相分离的。

1. 承重与围护分离

我们可以把承重结构比作"骨架"，把围护结构比作"皮肤"。西方砖石建筑的"骨骼"和"皮肤"合为一体，是互相牵制的关系。中国木构体系的"骨架"和"皮肤"相互分离，是相互成全的关系。中国古代在建造房子的时候先立起木构骨架，墙体、门窗和屋顶则是后来围护上去的。这种分离的关系使得建筑的"皮肤"不受"骨骼"的限制，可以做得封闭、厚实，也可以做得通透、开敞，能够适应不同的地区和气候。内部空间更可以进行自由划分，以便满足不同的功能需求。

2. 空间灵活

木构建筑结构的建造方式决定了其空间的划分方式，灵活的结构体系产生灵活的空间布局。将传统的木构体系和现代建筑普遍采用的框架结构联系起来看，

---

① 杨玉梅. 木结构住宅的优点以及在我国的发展[J]. 林产工业，2007（5）：12-13.

无论是钢筋混凝土框架还是钢框架，在建造过程中都是独立于围护结构而被优先建造的。因此，它们都具备空间灵活划分、立面自由处理的优点。所以灵活、自由的适应性是木构建筑的第二大优势。木建筑的可变性和灵活性，也是生命的特征，能够适应、扩张、替代或移除。

3. 外观自由

建筑的外观是结构和空间呈现的结果，空间灵活必然导致外观自由。法国的巴黎圣母院用石头砌筑的墙体来承重，要想在承重墙上开窗，只能开窄小的窗，否则会影响墙体的承载力。相比之下，中国佛光寺大殿的夯土墙是不承重的，承重的是木构骨架，如图 1.2 所示。中国的木构建筑往往可以开大窗，或者在柱网之间满装门扇。即便房屋内部采用同样的木构架，建筑体型相似，建筑立面也可以呈现出较大的差异，虚实关系可以进行变化，外观处理较为自由。如图 1.3 所示，颐和园知春亭的外观就是完全开放的骨架和屋顶。

图 1.2　中国佛光寺大殿承重的木构骨架

图 1.3　颐和园知春亭

中国传统的木构建筑，从建筑本身到建造过程，都隐含了这种开放性、灵活性和可变性[①]。无论是官式的木构建筑，还是民间自发建造的木构建筑，包括起支

① 江盈盈，贾倍思. 开放建筑发展回顾与对中国当代住宅设计的启示[J]. 中国住宅设施，2012（6）：18-27.

撑作用的大木作以及起装饰作用的小木作，都是建筑的支撑体系和围护结构在受力上各自独立，支撑体系承受竖向荷载，围护结构划分室内空间。这样的结构体系让建筑在平面布置上变得灵活的同时，在围护结构的选择上也变得多种多样：譬如，外墙可以由结实的夯土或砖石砌筑，也可以由各种栅格门窗拼装，在需要的时候可以任意开阖甚至是拆卸；又如，室内起划分空间作用的隔墙形式，也从简单的隔板，发展出具有收藏功能的博古架或书架，由全封闭的空间分隔变为半封闭，甚至只是形式上的分隔[①]。

三、整体、耗能的抗震性

木构建筑具有良好的抗震性能，采用了以柔克刚的东方哲学理念，平面构图简洁、规整，进深较大，符合现代建筑抗震规范的要求。唐宋时期重视侧脚、收分等做法，传统木构建筑的檐柱和金柱，在垂直方向大多都向房屋的中心部分倾斜；高层楼阁建筑，柱子采用叉柱造的做法进行由下而上的层层内收，使建筑立面呈现下大上小之势；再加上屋架采用比较稳定的三角形，这些做法都增强了建筑整体上的稳定性。

1. 木构材料特性

木材本身就是一种柔韧性强、耐冲击性好的材料，木构件以榫卯的构造方式连接在一起，榫卯节点是柔性节点，具有一定的可活动性。地震发生时，榫卯之间可以进行相互挤压，产生塑性变形，消耗一部分地震能。木构架房屋的自重较轻，地震时所吸收的地震力也相对较少，具有较强的抵抗重力和抵抗地震的能力。我国唐山大地震后，木构建筑房屋比砖石结构受损程度要小得多，同时日本神户大地震发生后，木构建筑遭受的破坏相较于其他结构建筑也小得多。

2. 构造连接方式

榫卯是我国传统建筑木构件之间一种凹凸结合的连接方式，即凸出部分的"榫头"和凹入部分的"卯眼"的连接构造，其主要作用是增强构件间的连接，将榫头插入凿孔的卯眼之中，可使构件在构造上形成统一的整体[②]。中国传统木构建筑中最为典型的榫卯构件就是大屋檐下方层层铺叠的斗拱。地震发生的时候，能够听到这些构件吱吱呀呀作响，这其实是它们塑性变形的声音。由此可见，木构建筑是一种可以消耗地震能的结构体系，能够在很大程度上减轻横向剪力对建筑的作用。我国传统建筑具有良好的抗震性，一方面得益于木材本身的天然属性，另一方面很大程度上也归功于榫卯结构的使用[③]。

---

① 贾倍思，江盈盈."开放建筑"历史回顾及其对中国当代住宅设计的启示[J]. 建筑学报，2013（1）：20-26.
② 梅青原. 榫卯结构——木头里的信仰与象征[J]. 中外建筑，2018（9）：69-71.
③ 冯瑾. 建筑木材的新应用研究[D]. 徐州：中国矿业大学，2014.

3. 整体结构体系

　　从整个结构体系来看，木构架的整体性进一步增强了它的抗震性能。如图1.4所示，以山西省历经多次地震仍然屹立不倒的应县木塔为例，外观看上去有五层，实际上它的内部结构有九层，因为外观上每两层之间在内部有一个结构暗层，共设置四个。这些暗层中密布斜撑，构成了一个类似三角形桁架的环形稳定结构，层层将塔身箍接为一个整体。我们可以将传统木构塔、楼阁中的暗层与现代砖混结构中整浇的混凝土圈梁进行类比，其中蕴含的抗震原理相似，都是为了增强结构的整体性。砖砌墙体的整体性很差，但若每层用一个整浇的圈梁箍接起来，整体性就加强了。汶川大地震中倒塌的德阳汉旺镇东汽中学，除去选址问题，主教学楼震前已经发现存在质量问题，构造联系较弱，整体性较差，但未及时进行加固，才导致了惨剧发生。所以，加强整体性非常利于提高抗震性，这一点在传统木构建筑中已有充分体现。

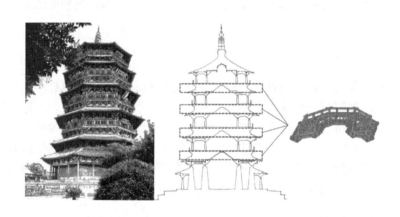

图1.4　应县木塔的外观和内部结构分析

　　1996年，云南丽江古城申报"世界文化遗产"，就在专家组到古城考察前夕，丽江发生里氏七级地震，古城受到了重创。虽然很多房屋发生了倒塌，一些木构建筑外墙也受到了损坏，但主体的木构架却屹立不倒，如图1.5所示。古城的整体风貌保存下来，联合国教科文组织继续支持丽江古城的申遗。1997年12月，丽江顺利列入了"世界文化遗产"名录。这一典型案例充分说明了木构体系在抗震方面的优越性。

　　循环、绿色的生命周期，灵活、自由的适应性，整体、耗能的抗震性，木构体系自身的优势是它能够延续几千年而不发生断裂的最根本性原因。木构体系之所以在中国古代能够长盛不衰，除却自身的合理性，还完美地契合了外部社会环境。

图 1.5　丽江地震中屹立不倒的木构建筑

第二节　木构建筑的局限与突破

中国的木构建筑经历了古代的辉煌，到了近代逐渐没落，建设量大幅减少，技术发展缓慢。传统木构建筑面临被淘汰的危机，在古代已经有所显现。与经济、文化的繁荣昌盛一样，唐、宋时期也是木构建筑发展的鼎盛时期，结构真实、严谨、定型化、模数化，许多建筑做法即便是置于今天仍然具有其显著的先进性。但是到了封建社会晚期元、明、清等朝代，木构建筑显然没有产生应有的进步、突破或变革，甚至还将总体发展的重点转向了表面化的装饰和装修。

一、资源供给

1. 资源的短缺

宋代，建造宫殿的大木料已感稀缺；明代，建造北京宫殿，从西南、江南采办木材；清代，政府建造房子开始从东北采办木材。木材、煤炭、石油被列为世界三大自然资源。我国资源匮乏，其中以森林资源最为紧缺，相对于我国的煤炭、石油，木材储量已经告急。我国森林资源分布不均衡，年生长量不高，生长周期长。同时，随着人民生活水平的提高及建筑行业的迅猛发展，越发凸显我国木材资源短缺的问题。

2. 资源的补充

虽然木材短缺的现状令人担忧，但木材毕竟是一种可再生资源，在林木的培育方面可以运用生物技术、遗传技术等高科技手段，以提高林木生长量、提升林木质量。另外，加强林地的集约管理和经营，能有效地解决我国木材资源短缺的问题。为了提高森林的经营水平，提高单位林地的林木生长量，应调整森林经营管理思路，特别是商品用材林的经营管理思路，从战略上要推进林工、林企一体化，包括林板、林纸一体化，支持以木材为原料的企业与林地所有者联合，包括租地造林、股份合作造林、无偿支持林地所有者造林而取得木材的稳定供应权等[①]。加速发展商品用材林建设，推进森林资源的分类经营。

二、材料性能

1. 木料的缺陷

天然木材具有易燃烧、易腐烂等缺点，并且在不同程度上都存在着木节、变形、裂纹，导致材料强度的不均。在众多古代题材的电影和电视剧情节中，都有火烧木构建筑的场面，易燃的缺点使得木构建筑在寿命限期内容易因为天然因素或人为因素而损毁。木材受腐朽菌的侵染，颜色和结构都会发生变化，严重时木材会变得松软、易碎，称为腐朽。此外，害虫也会给木材带来病害，影响木材的装饰性，降低木材的强度。木材本身的节子会给木材加工带来困难，还会破坏木材的均匀性，降低强度。因为外界应力、温度、湿度的改变，木纤维之间容易发生脱离的现象，因此，木构的榫卯接口极易发生损坏。另外，在大体量、大空间的当代建筑中，木材由于受到尺寸的限制，很难被广泛应用。

2. 木料的革新

随着工业革命的出现，传统的木结构、砖石结构等很难满足当时的社会需求，强度更高、跨度更大的钢筋混凝土结构逐渐得以更广泛应用。工业革命一方面制约了木构建筑的发展，另一方面又促进了木材产业的大变革。有了新材料新技术做基础，复合木材得到迅速发展，木材的强度和耐火性能都得到提高。木结构的领域已经由传统的"原木结构"发展为"复合木结构"。例如，层板胶合木、结构复合木材、木基结构板材、预制工字形木梁都是当前木材产业的主要工程制品[②]。木材在加工过程中产生的废余料可以得到循环利用。原木加工过程会产生大量的小料、碎料、刨花、木屑等，将上述下脚料经过破碎、浸泡，磨成木浆，再进行热压，可以变废为宝制成各种板材。目前，由木料经现代技术加工制成的纸材，也已成为一种新型的建材[③]。

只要做好木结构的防潮处理，木构建筑就能够达到很长的使用寿命。并且，

---

① 杨旭东，李俊魁. 解决中国木材短缺问题的思考和建议[J]. 北京林业大学学报（社会科学版），2009，8（3）：105-108.

② 侯建芬，王静. 现代木构建筑技术的发展与空间应用特征[J]. 室内设计与装修，2006（1）：110-113.

③ 彭相国. 现代大跨度木建筑的结构与表现[D]. 哈尔滨：哈尔滨工业大学，2007.

可以通过合理选取木基复合材料来提高木结构的防火及隔音性能。木材虽然属于各向异性材料，在不同的方向，强度也各有不同，但新型复合木材的发展，丰富了现代木构建筑的设计自由度。将木结构形式重新广泛地应用于大型的公共建筑已成为建筑创作的潮流。

三、空间结构

1. 空间的局限

传统木构建筑由于其材料特性，难以形成更大、更复杂的建筑空间。从现在保存较为完好的传统木构建筑来看，其内部基本是以单一的空间为主。如图 1.6 所示，以天坛祈年殿和故宫太和殿为例，相较于其外部体型的丰富变化，内部空间显得简单而通用。不同地域、不同年代的传统木构建筑在内部空间的营建上也没有出现太大的差异，这显然说明了传统木结构在空间塑造方面的局限性，虽然在前面内容中我们已经论述了它的灵活性，但是这种灵活性显然是在总体空间单一性的前提下形成的。

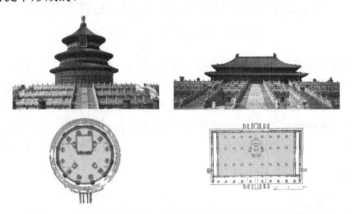

图 1.6　天坛祈年殿和故宫太和殿的建筑外形与空间关系

2. 结构的突破

现代木构建筑在完成大跨度结构上有很大突破，以往大跨度建筑的结构形式多为钢结构或者钢筋混凝土结构，现在也不断涌现出经过灵活组合及特殊处理的木结构。在今后的发展中，大跨度木构建筑将会以其特有的优点：绿色可再生、自重小、独特的艺术表现力等，在世界范围内受到越来越多的关注和尝试。

当今木材在建筑中的应用摆脱了传统的单一、静止、秩序、规则、统一的空间形式，追求复杂、流动、不确定、多变的新的空间形态，表现新的空间形态的观念[①]。法国庞毕度中心梅斯分馆的设计，如图 1.7 所示，日本建筑师坂茂将原木

---

① 冯瑾. 建筑木材的新应用研究[D]. 徐州：中国矿业大学，2014.

进行弯曲，从中国传统竹编斗笠设计中获取设计灵感，采用木构件穿插交织形成主体结构，在建筑内部的梁、柱、连接构件则采用模组化的钢筋结构，最后建筑顶部覆以玻璃纤维顶盖。这个过程，需要运用精准的技术进行计算和控制。这种设计做法将传统建筑清晰明确的屋顶、墙面、地面等部分连接为整体，模糊了内与外、上与下的明确界限，提升了空间形式的表现力和创造性。

图 1.7　　法国庞毕度中心梅斯分馆

　　虽然传统木构建筑具有天然缺陷、干燥缺陷、加工缺陷等缺点，但随着材料技术和加工技术的发展，伴随着新材料的合成，这些缺点也逐渐被改正。站在当下的时间节点去审视传统，天然木材的缺陷已不足以构成妨碍木构建筑发展的阻力。新技术、新材料的运用不仅不妨碍当下建筑表现出传统的文化内核，还能够通过创新思维为传统木构建筑注入新鲜血液，使其重新焕发出生命力。

四、受力结构

1. 受力的局限

　　在中国传统木构建筑的受力体系中，斜向构件并没有得到充分的使用和发展。中国特别强调屋檐的承托作用，传统木构建筑中曾经出现的斜向构件大都与承檐作用有关，例如斜撑、斜柱，这些斜材曾经是与斗拱并列的一种承檐系统。斗拱的发展逐渐代替了原始的斜撑、斜柱，但是昂（斗拱中斜向的构件）这种斜材仍然在使用，例如，山西五台山佛光寺大殿使用的批竹昂就是典型的起到承托出挑作用的斜向构件。此外，佛光寺大殿中还出现了叉手、托脚这类斜向构件，显然是为了增强抬梁式构架的稳定性，虽然只起到了辅助作用，但却真实而合理。但是，在中国的官式建筑中，梁架中的斜向构件没有进一步发展成为重要的支撑构件，而是逐渐消亡，这是因为其受力方面具有一定局限性。而西方传统的木构建筑中承檐系统是很不明显的，斜向构件始终与屋架的主体结构有关。

2. 受力的突破

　　西方传统木构或砖石建筑的屋顶部分所采用的木桁架系统，就非常重视斜向构件的使用，以便于增强屋架整体的稳定性。奥古斯都的军事工程师维特鲁威描述了最早的木屋架形式：由两根相对的木料构成"人"字形，中间用水平的联系杆件连接。现在被完整记载的最早的木桁架是公元 2 世纪万神庙的柱廊，如图 1.8所示，斜向构件在屋架中起到了举足轻重的作用。日本传统的木构建筑虽然是在模仿中国唐朝时期做法的基础上发展而来的，但是在后续的演变中并没有放弃对斜向构件的使用。日本的唐招提寺大殿不管是外观还是结构都酷似中国唐代的佛光寺大殿，但却在后期的改造加固中不断增强斜向构件的使用，如图 1.9 所示。木构虽然是中国古代长期主流的结构形式，但是仍然可以通过学习西方的先进做法进行自我改良，突破受力上的局限。

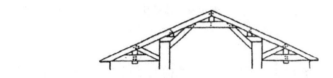

图 1.8　罗马万神庙外廊木桁架

创建时（推定结构）　　　明治期修理前（元禄改建）　　　现状（明治期修理以降）

图 1.9　唐招提寺金堂结构演变

第三节　木构建筑的结构构造

一、主要结构类型

　　木构建筑结构类型是传统木构建筑的本质特征之一，在建筑学界一般认为主流类型有 3 种：穿斗式、抬梁式和井干式（图 1.10）。穿斗式和抬梁式是中国古代木构建筑最为主流的结构类型，而辨别两者的依据主要是柱、梁（枋）、檩三者的关系。根据潘谷西先生主编的《中国建筑史》第七版[①]中的相关定义，穿斗式木构架的特征可以概括为三个要点：柱子用穿枋穿起来，形成一榀榀的房架；檩条直

---

① 潘谷西. 中国建筑史[M]. 7 版. 北京：建筑工业出版社，2015.

接搁置在柱头上；沿檩条方向，再用斗枋把柱子串联起来。由此形成一个整体框架。抬梁式木构架的特征可以概括为两个要点：柱上架梁，梁上架檩，梁上用矮柱（瓜柱）支起较短的梁，依次层叠而上，梁的总数可达 5 根；当柱上采用斗拱，则梁头搁置在斗拱上。

　　　（a）穿斗式　　　　　　　（b）抬梁式　　　　　　　（c）井干式

图 1.10　传统木构建筑主流结构类型

1. 穿斗式

相比于在中国北方流行的抬梁式，穿斗式构架用料小，一般采用较为纤细的木构件截面，柱径和檩径尺寸都比抬梁式的小。其屋面的荷载直接由檩条传至柱子，不用梁。从建筑山墙编织的形式来看，柱子和穿枋的排布密度较高，利用榫卯的构造纵横编织成一个稳固的整体结构。穿斗式"小材大用"的建构方式适合于特有的山区环境。穿斗式木构架的连接方式关键在于"穿"的操作，所有榫卯节点既要承受垂直方向的重力，同时也要承受水平方向的张拉力。

穿斗式构架用料小，主要由于大尺寸的木料在崎岖的山地环境中运输极其不便。经过上千年的采伐，即使在林木比较茂盛的山区，大尺寸的木料也不易获得。

2. 抬梁式

抬梁，又称叠梁、架梁等，这个名称从字面上看，强调梁这一构件，以及大小梁层叠的空间关系。抬梁式构架是在立柱上架梁，梁上又抬梁，使用范围广，在宫殿、庙宇、寺院等大型建筑中普遍采用，更为皇家建筑群所青睐，是我国木构架建筑的代表，华中、华北、西北、东北等地区的民居均有采用该种建筑形式的[1]。抬梁式构架在春秋时已经出现，唐代已发展成熟[2]。北宋的建筑设计、施工规范书《营造法式》的大木作部分主要讲的是抬梁式构架，明确提出较为重要建筑的抬梁式构架又分为殿堂型、厅堂型两个类型。

---

① 钱芳芳，钱凯. 砖木结构分类及抗震构造研究[J]. 中外建筑，2015（11）：115-116.
② 孙洁，李向辉，张长平. 试论中西建筑文化的差异[J]. 工程建设与设计，2007（10）：1-5.

3. 井干式

井干式结构是将圆木或半圆木两端开凹槽，组合成矩形木框，层层相叠作为墙壁，也就是木承重结构墙。这种结构形式耗材量大，建筑房间尺寸受到木材长度的限制，一般适用于建筑体量较小的建筑，其应用并不广泛，一般仅见于产木丰盛的林区。这是一种不用立柱和大梁的房屋结构，但是需要大量的木材，在绝对尺度和门窗开设方面受到很大限制，其通用程度不如抬梁式构架和穿斗式构架[①]。目前，我国尚有个别房屋使用这种结构进行建造，主要是分布在东北林区和西南山区。位于云南南华的民居是井干式木结构房屋的典型代表，其平面为长方形，面阔两开间，有平房也有两层矮楼，采用悬山式坡屋顶。建筑在左右侧井干墙壁的顶部正中立短柱承托脊檩，脊檩和前后井干墙上搭椽子，一般房屋的进深就是二椽。

二、主要结构构件

大木作作为木构建筑中的承重部分，决定了建筑的比例尺寸和形体外观。中国传统木构建筑中的主要大木构件及其结构作用如表 1.1 所示。

表 1.1　大木构件及其结构作用

柱	结构作用	主要的垂直承重构件，将屋面荷载自上而下传递至基础		
	名称（位置）	檐柱、金柱、中柱、角柱		
	常见构造做法	升起、侧角、叉柱造		
枋	结构作用	柱上水平联络承重、缩小梁枋净跨、承托斗拱		
	种类	额枋、雀替、平板枋		
斗拱	结构作用	向檐内檐外出挑承重，传递大面积荷载		
	分类（位置）	柱头铺作	补间铺作	转角铺作
	组成构件	斗	拱	昂
	构件作用	垫托	出挑	出挑
屋架	结构作用	承托屋面荷载，向下传递		
	组成构件	梁、檩、椽		
	构造	梁上架檩，檩上搭椽		

表 1.1 呈现出的是中国大木构件及其结构作用，中国传统木结构建筑是由这些大木构件形成框架结构以承受来自屋面、楼面的荷载以及风力、地震力。如果将中国传统的木构与欧洲传统的民间木构相比较，欧洲的桁架布置较为繁密，更强调用细小的杆件形成"空腹大梁"的整体。在这样的建构逻辑下，其檩条的作用显然没有中国体系中的重要，因为欧洲木构体系并不像中国一样强调构件在竖

---

① 张翔，陆伟东，刘伟庆，等. 西南地区木结构民房抗震现状调查分析[J]. 结构工程师，2013，29（6）：76-81.

向的结构层次，也不强调个体构件所发挥的明确作用。欧洲木构体系中，檩条的作用被弱化了，椽子的作用变得更重要，两者共同与密布的木桁架一同支撑起建筑屋顶。由此可见，中国木构建筑的各构件之间存在一种独特的承接关系和层级秩序。

三、主要构造方式

1. 古代榫卯连接

木结构的核心是构造，而构造的核心是榫卯，榫卯是传统木结构的灵魂所在。榫卯实际上是榫头和卯眼的简称，是传统木构建筑中接合两个或多个构件的构造方式，如图 1.11 所示。这些构件中，凸出部分称为榫（榫头，也称作笋头），凹入部分则称为卯（卯眼，也称作卯孔、卯口、榫眼等）。在中国古代的建筑中，木构件之间原则上采取榫卯的连接方式，但必要时也会用铁钉。榫卯连接在木构建筑的结构、装修和家具构造中都得到了广泛应用。大木作是建筑物的主体骨架，是承受荷载的结构体系，榫卯构造的主要目的是使木构件组合成高强度、结构稳定的整体构架。小木作中的榫卯使小木作构件拼合成大面积的图案，不要求具备承重功能，但要求拆装方便。木构家具中的榫卯结构要同时兼顾构件受力承重和方便拼合两方面的要求，要满足日常使用和经常搬动的需要。榫卯节点的工艺要求高，两块木构件之间扣合应达到严丝合缝的程度，这是古代木匠必备的基本技能。

图 1.11　宋式斗拱的榫卯节点

木构榫卯由榫头和卯孔组成，一方面可以承受一定的荷载，具有很好的弹性和较好地抵消水平推力的作用，表现出较强的半刚性连接特性，且允许产生一定的变形，可以吸收部分地震能量，减少结构的地震响应[①]。另一方面，长期的外力作用也使木建筑的榫卯节点出现各种残损问题，威胁到建筑整体的安全性和稳定性。西方的建构理论探讨的根本问题就是建筑如何通过准确的建造和精确的形式进行表达。中国传统建筑的建造逻辑非常清晰，虽然建构不排斥装饰，但是中国

---

① 姚侃，赵鸿铁，葛鸿鹏. 古建木结构榫卯连接特性的试验研究[J]. 工程力学，2006（10）：168-173.

木构建筑的主体骨架几乎没有非必要性或纯装饰性的构件，榫卯即是木构连接的细部所在。欧美传统的木结构中也曾出现类似榫卯的构造，但相对于中国的榫卯来说较为简单，需要通过木钉进行结合，而木钉的使用能够加强木构节点的刚性。现代木结构也普遍使用金属构件，不仅能够更加合理地满足节点处复合受力的要求，减少因变形而引起的构件开裂，还能够保证木结构的施工速度和质量，也更利于产业化发展。

中国传统建筑是一种集体成果，没有出现真正意义上典型的建筑师。传统建筑采用梁柱体系，榫卯使构件连接起来，形成能够承担各种荷载的受力系统。榫卯节点的建造逻辑是非常严谨、明晰的。中国传统建筑有不求物之长存的观念，大多起源于功能的需求。古代工匠并没有刻意要表达榫卯构造的建构美感。榫卯节点最终呈现出的形象完全是在结构需求下自然表达的结果。

2. 榫卯连接方式的变化

现代木构建筑的构造节点主要发生了两方面的变化：一是与传统建筑的榫卯节点相比较，构造上趋向简化与抽象；二是节点设计上增加了对金属构件的利用，从很大程度上强化了木构建筑结构的整体性。日本称名寺本堂成功地将传统木构建筑的榫卯节点进行简化，保留了传统韵味，同时表达出强烈的禅宗意味。现代木构建筑借鉴钢结构的设计，在构造节点处也经常增加金属构件来满足结构要求，使木构件更方便与其他材料连接，达成结构转换的目的，提升整体的结构性能，简化构造节点。

现代的家具设计也大量沿用了传统的榫卯做法。模块化、可拆装榫卯结构在整体上简化了家具的生产工艺，能有效提高家具零部件的生产效率，家具零部件实现多次拆装，增加了家具的使用年限[①]。同时，在设计上，可拆装榫卯结构保留了榫卯结构内涵，在继承传统文化的同时，将传统文化与现代生产工艺和材料结合起来[②]。手工或者半手工的传统生产方式是传统榫卯连接构件的主要生产方式。这种传统的生产方式逐渐失去了竞争力，取而代之的是先进的制造技术。但也不能仅仅把榫卯构造看成是一种连接方式，它更是我们国家的民族智慧和传统文化，精湛的技艺本身就是宝贵的非物质文化遗产。

第四节　木构架建筑的工业化特征

木构架建筑这一建筑体系能够经得住几千年的延续而不衰亡或被其他体系所

① 董华君，沈隽. 家具榫卯结构的现代化改良设计[J]. 林产工业，2019，46（1）：53-56.
② 李永斌，陈婷. 互联网背景下可拆装榫卯结构创新设计研究[J]. 包装工程，2017，38（22）：212-216.

取代，这充分说明了它在同时代的优越性，这种优越性放到当下建筑语境中来解释，其实就是国家大力提倡的"工业化"。

一、"工业化"视角下的工官与工匠

中国古代的土木营造之事被称为"工事"，中国传统建筑的建造者被称为"工匠"，掌控建造活动的管理者被称为"工官"。"建筑师"是一个近代才出现的职业名词，英文中的"建筑师"（architect）一词来源于拉丁语 architectus，意为"总建造者"（master builder）。实际上包含了中国古代工官的"统领"角色和工匠的"建造"角色两方面的含义。

虽然工业化建筑的概念最早是由西方国家提出的，目的是解决第二次世界大战后欧洲国家亟须建造大量住房而又缺乏劳动力的问题，通过推行建筑标准化设计、构配件工厂化生产、现场装配式施工这样一种新型房屋建造生产方式以提高生产率，但是这些工业化建筑的特征早已蕴含在中国传统的木构建筑之中。中国古代没有真正的"建筑师"这个概念，中国古代主流的木构建筑，特别是官式建筑，并不强调设计的独特性，而注重建造的规范化和标准化，由此它长期在同一原则的控制下进行着相继的发展，整体面貌较为统一、单调。

二、传统木构建筑的工业化特征

传统木构建筑最显著的特征就是承重结构和围护结构相分离，墙体不承托结构主体的重量，从而可以做到墙倒屋不塌。承重结构独立于围护结构而存在，增加了围护部分的灵活性和适应性，也为主体结构实现标准模数控制和预制装配施工提供了极大的可能性。

1. 传统木构建筑的灵活性和适应性

传统木构建筑的主体结构建造过程类似于现在的工业化建筑生产流程，构件提前进行预制、现场进行装配施工，骨架搭建好之后再进行门、窗、墙等围护结构的安装。这种承重结构和围护结构相分离的做法，不同于西方的砖石体系建筑，最大限度地实现了同一法则控制下形式和空间的自由化。西方砖石体系的建筑立面厚重、开窗窄小，而中国木构建筑立面通透、开窗自由。木构体系中，起到承托结构重量的木骨架和起到围护作用的门、窗、墙体相分离，使得建筑外观可以自由处理，开窗面积不受任何限制，能够适应不同地区、不同气候。同时，建筑的内部也像现代框架结构的空间一样，可以进行自由划分，能够适应不同类型、不同功能的建筑空间需求。这种内部空间、外观形象同时呈现出的灵活性和适应性是同时期的西方砖石体系所不可企及的；并且传统的木构建筑具有良好的抗震性能，特别是作为主体承重部分的木骨架不容易受到损坏，保证了建筑使用的安全。

2. 传统木构建筑的模数化和标准化

建筑的模数化设计在中国自古有之。传统木构建筑的斗拱就是重要的建筑尺度衡量标准。宋代的《营造法式》规定了官式建筑用材的等级，把"材"和"棋"作为建筑尺度的计量标准。根据雍正十二年（1734年）颁布的《工程做法》，清代的殿式（大木大式）以斗拱、栌斗的斗口作为建筑尺度的衡量标准；而次要的房屋和一般民居（大木小式）则以明间的面阔和檐柱径作为建筑尺度的衡量标准。虽然清代与宋代的标准不同，清代大木大式和大木小式的标准也不同，但都体现出了建筑用材的模数化和标准化做法。西方在现代工业革命以后，模数化的理论才得以倡导和传播，而建筑模式化的理论和做法早已广泛应用在中国古代的木构建筑之中。构件规格化也促使设计模数化，降低了施工难度的同时加快了施工进度，实现工业化生产。由此可见，模数化是实行标准化建筑设计的基础，是实现工厂化生产、装配化和机械化施工的必要条件。

3. 传统木构建筑的预制化和装配化

在古代木构建筑规范化、标准化的前提下，建筑设计被极限简化了，只需要对照相应等级的范式，确定用料的大小，按照模数预制各个构件。与石材相比，木材便于切割加工，能够实现榫卯的节点构造连接。这与现代工业化建筑倡导的构件工厂化生产是极为相似的。实现了构件预制，现场的施工过程就会得到相应的简化。作为传统木构建筑承重部分的骨架便可以依靠插接和组装来进行快速的建造，减少湿作业、缩短了工期，提高效率的同时降低了成本。而现代建筑普遍采用的框架结构主要依靠现场的加工操作，耗时耗力，还会产生噪声污染。传统木构建筑同样具有现代框架结构在受力上的优点：承重与围护相分离，但在施工建设上还具有高效组装的优势，这也是现今工业化建筑的大趋势。

4. 传统木构建筑的模块化单元式组合

木构建筑因为木材自身材料性能的缺点，在营建时难以形成更大更复杂的空间，建筑的面积和高度受到一定的限制，但却可以通过院落组合来实现规模庞大的群体建筑。在中国建筑历史发展的早期，住宅和房屋之间的含义是没有区别的，任何性质的建筑物都是由住宅发展而来，如宫殿、坛庙，都由住宅的功能演变而来。在后续历史的发展中，在中国广阔的地域中，住宅出现了无数的类型。住宅单元的水平院落式扩展反映了模块化单元式组合的思想已经萌芽，这正是当下工业化建筑普遍适用的理念，也是工业化住宅发展的前提。日本是推行住宅工业化较早的国家之一，在1951年才由建设省提出住宅单元标准的相关研究，而我国住宅水平向模块化单元式组合的思想在封建社会时期已然形成。

5. 传统木构建筑全生命周期运转的综合效益

基于上述传统木构建筑的诸多工业化特征，从"摇篮"到"坟墓"这个全生命周期解剖中国传统的木构架：从取材加工，到施工建设，再到修缮搬迁，直至最后损毁消亡，整体上是一个循环、绿色的生命体系，这样的生命体系必定产生经济效益、质量效益和环境效益，与工业化建筑所追求的综合效益是一致的。

木构体系的发展符合整个社会的经济观念。模数法则的建立保证了建筑质量，降低了在工程建设中偷工减料、贪污腐败的概率。即便是对于现今的建筑市场，这仍然是需要探讨的一个重要议题。

中国古代具有预制装配性质的木构体系，构件的批量生产加工有利于技术的积淀和质量的监控，也保证了后续施工装配的顺畅和高效，这正是当下克服重重阻力推广工业化建筑的根本原因。反观目前建筑普遍适用的框架结构，施工质量并不稳定。这种不能保证施工质量的现状势必造成更大的经济浪费和环境污染。

传统木构建筑在后期的修缮和维护上，可以进行局部构架的替换，亦可从某一座建筑上拆卸下构件做其他建筑的建材，甚至在古今都出现过建筑整体拆卸、异地重建的案例。木构架即便是腐朽损毁也不产生破坏环境的永久性建筑垃圾。现代框架结构的拆除只能依靠爆破来实现主体的解体与破碎，并且在垃圾清运和堆放过程中还会进一步产生污染。从环保的角度来看，木构仍然有其自身的先进性，与工业化建筑的发展方向是一致的。

三、传统木构建筑未被全面继承的原因

虽然中国传统木构建筑具备如此优越的工业化特征，但是当前建造总量却较古代锐减，其中的原因可归结为外因和内因两个部分：古代落后社会体制对建筑的束缚和木材资源不足及材料性能的缺陷，但这些因素在现今社会正在被逐渐消除。

1. 落后社会体制对建筑的束缚

从唐代的类书《艺文类聚》归纳的社会分类中可以看出，建筑在整个分类体系中没有一席之地，它原本和舟、车一并作为器用类，如图 1.12 所示，甚至兽、鸟、鱼、虫都能有自己独立的分类，建筑却没有独立的地位，仅仅服务于封建社会的等级秩序，时时处处都要反映出皇权的至高无上。传统木构建筑具有同时期西方砖石体系不可比拟的先进性，但封建体制下的等级化、秩序化却限制了木构建筑的创新和发展。在封建社会漫长的发展进程中，社会体制不变，建筑的控制法则就不会轻易改变，加上古代中国人中庸、尚祖的性格特点，对于传统的做法不会进行大胆革新，木构建筑体系长期停滞不前，甚至转向侧重装修做法的方向发展。

近代中国，社会体制发生了翻天覆地的变化，木构建筑作为社会体制附属品之一，也跟随社会体制的变革一同被取代。将先进的木构体系与落后的社会体制相剥离，独立、客观地审视其中蕴含的先进工业化特征，便容易理解中国传统木构体系的发展在相当长的时期内没有突破性的进展，并不是建造标准化的问题，而是社会体制的弊端，应当充分地认识到木构营建原理上的优越性。目前，木构建筑的建造总量虽然较古代锐减，但同时也脱离了等级秩序的局限而拥有独立、自由的发展空间。

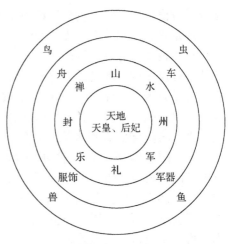

图 1.12　《艺文类聚》归纳的社会分类体系

2. 木材资源不足及材料性能的缺陷

木材消耗量过大、森林资源的过度利用，对生态环境不利，使得木构建筑失去了发展的前提。木构建筑易于遭受火灾，中国古代的木构建筑之所以难以保存至今，最重要的原因就是毁于战火。加上木构在受潮之后易于朽坏，在南方地区还要受到白蚁的严重威胁。另外，无论是穿斗式还是抬梁式的木构建筑都难以满足更大更复杂空间的需要，这给木构建筑的发展带来局限性。

这些缺点随着技术的发展被逐渐淡化：种植经济适用林来增强资源的供给，通过碳化或者添加化学药剂使木材达到防火防腐的要求，发展胶合木结构改变传统木结构在受力上的局限性。特别是受力性能的改善使木结构能够适应高大体量和复合式平面的建筑，这是木构建筑持续发展的核心问题，正如工业化建筑最核心的问题是实现主体结构技术的变革一样。

四、木构建筑的工业化发展前景

进入 21 世纪以来，随着国民经济的发展和社会的进步，我国对绿色建筑和建筑工业化的需求不断加大，对建筑业可持续发展的重视程度也越来越高，现代木结构是一种采用可再生原材料，同时可实现工厂化加工、装配化施工的建筑结构形式，不仅具有绿色生态、节能环保特色，还具有良好的抗震性能、高度的装配化性能和优良的宜居性[①]。而回首中国传统的木构建筑体系，已然具有明星的工业化特征。过去阻碍木构建筑发展的内因和外因在当前已经被消除，木构建筑的发展也迎来了最好的契机。木构建筑在中国原始社会时期就已有雏形，发展了几千

---

① 刘伟庆，杨会峰. 现代木结构研究进展[J]. 建筑结构学报，2019，40（2）：16-43.

年都没有出现中断，其构建过程中蕴含典型的工业化特征，这无论是在过去、现在，还是未来，都是十分优越的性能。

　　早在日本、加拿大等国家，木构已经应用到多层住宅楼和办公楼。日本著名建筑师坂茂在瑞士苏黎世设计的塔梅迪亚办公大楼，如图 1.13 所示，面积已经达到一万平方米，整体采用了榫卯构造的木构架，梁、柱、楼板都采用现场组装，并且可以耐火一小时，完全能够满足现代建筑防火、抗震以及大面积、复合空间的要求。2015 年意大利米兰世博会上，胶合木结构已经应用到了大跨度的展览建筑中。如图 1.14 所示，中国馆的木构架具有大量重复的不规则构件，采用了工业化的预制、吊装。如图 1.15 所示，法国馆的空间虽然流动多变，也仍然采用了木构，其平面呈现出了明显的模数网格控制，与中国传统木构建筑的特征非常吻合。在世博会结束后，该展馆还被拆除，并将构件运回到法国重建。伴随着数字化技术的推广普及，即便是处处不同的木构件也可以被精确预制。虽然这些建筑的外观和空间差异巨大，但重复单元、预制装配、木构框架、模数控制，这些在中国传统木构建筑中蕴含的工业化特征在当今世界前沿的木构建筑中全都得以体现。

图 1.13　瑞士苏黎世塔梅迪亚办公楼

图 1.14　2015 年意大利米兰世博会中国馆钢木混合结构

图 1.15 2015 年意大利米兰世博会法国馆木结构

中国古代的木构建筑发展由于社会体制而受制于种种法则的限制，在封建社会长期的枷锁下处于迟缓的发展状态，难以进行有效的变革和创新，从而导致其在随鸦片战争带来的文化冲击中摇摇欲坠。当前，木构体系摆脱了落后的社会体制，加上技术的支撑，更容易实现材料、结构和构造上的创新，唯有创新才能突破木构建筑发展的瓶颈，适应时代的需要，也就有了继承传统建筑文化的前提。针对我国工业化建筑发展的现状，要想全面推进多模式建筑工业化，木结构仍是未被完全认识和挖掘的一个重要方向，而传统木构架中蕴含的原理和法则仍是值得回味和咀嚼的内容。由此，重新审视中国传统木构建筑的"工业化"特征，有着承上启下的双重含义：一方面要继承传统、强化中华民族的文化自信；另一方面要立足当下，发展多模式的工业化建筑，使传统的木构建筑在当今的工业化浪潮下重新焕发出强大的生命力。

拓展阅读书目

1. 李允鉌. 华夏意匠[M]. 天津：天津大学出版社，2005.

2. 梁思成. 中国建筑史[M]. 天津：百花文艺出版社，2005.

3. 梁思成. 图像中国建筑史[M]. 北京：生活·读书·新知三联书店，2011.

4. 方拥. 中国传统建筑十五讲[M]. 北京：北京大学出版社，2010.

5. 史向红. 中国唐代木构建筑文化[M]. 北京：中国建筑工业出版社，2012.

6. 西冈常一，小川三夫，盐野米松. 树之生命木之心（天地人三卷）[M]. 英珂，译. 桂林：广西师范大学出版社，2016.

7. 威尔·普赖斯. 专题建筑史丛书——木构建筑的历史[M]. 胡菲，译. 杭州：浙江人民美术出版社，2016.

8. 韩伟强. 石构建筑与木构建筑[M]. 南京：东南大学出版社，2001.

第二章 群体建筑组合——院落式布局

第一节 中西方传统建筑布局的差异

　　中国传统建筑的布局从始至终都遵循房屋包围着空间的原则。如图 2.1(a)所示，从宫殿、衙门到庙宇、住宅，大都是以院落方式来组合的，院落的承接转合，环环相扣，变化无穷，随建筑物的性质不同，营造不同的气氛，使人心理上产生的感受是极其丰富的[①]。此原则沿用了几千年，成为建筑总平面主要的构成法则。整个建筑组群以构成良好的室外空间为主，房屋作为空间围合或封闭的要素而存在，这种布局截然不同于西方传统建筑所遵循的"空间包围着房屋"。如图 2.1（b）所示，西方建筑布局以单体建筑为主，建筑作为视觉汇聚的焦点，自身具有足够的体型变化，从而在各个角度都能获取良好的观赏效果。

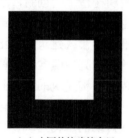 

（a）中国传统建筑布局　　　　　　（b）西方传统建筑布局

图 2.1　中西方传统建筑布局比较

一、西方传统建筑布局：空间包围着房屋

　　建筑布局是城市布局的延伸，广场在西方社会中属于群众聚集的场所，这使得西方的建筑布局通常呈几何形。街道呈自由曲折伸展态势，因此，可以说欧洲建筑的布局是开放式的[②]。在这样的开放布局之中，建筑造型自然会呈现出雕刻化的特征。在西方，建筑、绘画以及雕塑都被称为"造型艺术"或者"美术"，它们都着重强调静止美的塑造。因此，设计一座庞大的建筑物和设计一件摆设的艺术品，其在视觉效果上的要求是相似的。如图 2.2 所示，以雅典卫城中的神庙为例，其周围都预留了足够的观赏空间，人们站在广场上对于建筑的造型、比例、特征

---

① 邓庆坦，李国庆，高宇红. 中国传统建筑院落浅析[J]. 山东建筑工程学院学报，1998（2）：47-51.

② 田羽熙. 简述中西方建筑之对比[J]. 山西大同大学学报（自然科学版），2017，33（2）：93-96.

都一览无余，建筑本身的虚实关系呈现出强烈的雕塑感，古罗马万神庙亦是如此。静止的"三维"体型是西方传统建筑的重要特征，与永恒不变的纪念性相契合。西方传统建筑布局就如同裱在画框中的油画，放眼望去便尽收眼底。

图 2.2　古希腊雅典卫城中帕提农神庙的体型雕塑感

二、中国传统建筑布局：房屋包围着空间

　　中国的建筑则与音乐、文学和戏剧的艺术特征更为相似。建筑的精华在于伴随着观赏者的移动所呈现出连续的空间变化。建筑从一个院落过渡到下一个院落，正如音乐演奏的不同乐章相继展开，文学作品的各个章节环环相扣，戏剧演出一幕一幕变换景象。建筑的布局着眼于总体上所营造出的空间序列，而非单体建筑的形态。建筑单体正如文学中的词句、乐章中的音符、戏剧中的角色，它们都是为了构成一部完整的作品而存在的。如图 2.3 所示，如果把西方的建筑布局比作裱在画框中的油画，中国传统建筑布局就如同古典的手卷画，从外面看无法明晰整体的风貌，只有穿过一道一道大门，走入一进一进院落，才能看清建筑的样貌。这种过程仿佛手卷画缓缓展开，观看者需要一段一段地欣赏，体验步移景异、引人入胜的效果。所以说，西方重视的整体是单栋建筑的整体，中国重视的整体是整个建筑组群空间的整体。

图 2.3　西方油画与中国手卷画的比较

中国讲求天人合一的宇宙观,中国庭院式的布局将建筑单体与自然环境充分融合,这与西方建筑的价值观有着本质的区别,从来不会将人或建筑物凌驾于自然之上。无论是原真的自然,还是人工的自然,中国传统的布局都遵循着房屋包围着空间的原则,面对自然环境表现出一致的价值判断:人与自然是和谐统一的关系,但若是将自然和人为建造的建筑相比,自然比人为建造的建筑物重要。可见,在中国传统的哲学思想里,自然与人之间不存在分歧和对抗。建筑营造出什么样的空间布局,取决于何种哲学思想、何种价值观、何种生活态度。建筑与环境是一种共存关系,原本形成的环境是被尊重的,建筑显得相对次要,更接近于构成总体空间格局的要素。

中国传统建筑群院落式空间组织最终呈现出丰富的空间变化,层层展开,虚实相济,体现出中国美学中很重要的一个概念——远。"远"所体现的是中国人一贯的审美取向,在有限的空间中营造出无限延伸的空间感受,这表现出一种包容性,表达出建筑与自然相适应、和谐的观念。院落作为建筑群体的核心空间节点,具有调节风环境、热环境的功能。在不同的气候、地形条件下,院落式布局也表现出了极强的适应性,形式体现出丰富的多样性。各个相对独立、体量不同、功能各异的建筑单体,都是通过庭院进行联系和组织的。院落在很大程度上起到了交通枢纽的作用,和围廊一同构成建筑群的完整流线。

第二节　中国传统建筑院落构成法则

中国传统建筑通过院落式的水平延伸来实现建筑规模的扩大。庭院是中国传统建筑布局的灵魂,由房屋、廊、墙围合而成封闭、内向的空间,并营造出安全、宁静的生活环境。院落弥补了木构建筑空间的单一性,创造出生动、活泼的空间层次,将室内外空间有机交融。

一、院落单元的构成方式

如图 2.4 所示,院落单元的基本构成方式大致分为三种:①墙院,即正房与院门之间用墙围合的院。这种院落单元的空间较为单一,空间边界明确,白墙往往作为衬托景观的底景。②廊院,即正房与院门之间用廊围合的院。这一院落单元的空间层次和光影变化更为丰富。③合院,即正房与院门之间加建房屋来围合的院。合院中房屋之间出现了主次尊卑的关系,多进院落中加上抄手游廊的串联,空间变化更为多样。由此可见,院落单元的构成方式简洁明了,并且类型有限。

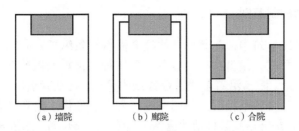

（a）墙院　　　　（b）廊院　　　　（c）合院

图 2.4　院落单元的三种构成方式

二、院落格局的变通策略

随着各地区气候、地形的不同，庭院的大小、形式也有所不同。如图 2.5 所示，北方四合院一般有较为开阔的前院，以保证冬天获取充足的阳光。南方天井式住宅为了减少夏季暴晒，采用两层平面布局，庭院则处理得非常狭小，利于产生拔风效果。虽然中国传统建筑群体的构成法则高度一致，极少出现以一个建筑单体构成的建筑布局，但是这种法则操作的结果却有着强大的生命力和适应性。从帝王宫室到普通民居，院落格局延续了 3000 年之久。加上木构建筑承重体系与围护体系相分离的特点，建筑朝向内院的界面可以处理得通透、自由，能够合理解决采光、通风等问题，建筑朝外的界面则相对密实、封闭，能够遮挡冬季的寒风、沙尘，保证主要建筑的私密性和安全性。

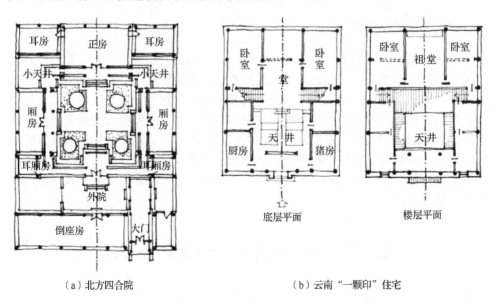

（a）北方四合院　　　　　　　　　（b）云南"一颗印"住宅

图 2.5　北方四合院和云南"一颗印"住宅对比

三、院落组合的控制原则

在主流的传统建筑中，院落单元往往会沿着一条纵深方向的轴线来排布。如图 2.6 所示，大型的建筑群往往会设置一条主轴，再辅助以若干次要轴线共同控制超大规模的占地。院落沿着轴线进行数量的叠加，旨在营造出一种宏大的气势。院落之间大小、开合各不相同，强调在纵深方向的变化，给观赏者带来空间不断变换的艺术感染，最终达到某种精神境界，或敬畏，或开朗，或带来超然出世之想。

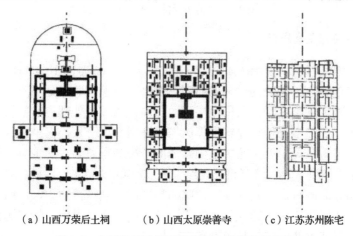

（a）山西万荣后土祠　　　（b）山西太原崇善寺　　　（c）江苏苏州陈宅

图 2.6　中国传统建筑群院落组合轴线控制分析

四、建筑群体的组织程序

中国传统建筑布局的平面形式十分单一，不似西方传统建筑般具有强烈、丰富的形式感。紧紧控制中国建筑布局的核心内容是组织程序。若是单纯从平面来分析中国传统的建筑空间，会给人一种假象，建筑布局十分平淡且相似。而程序是无法通过图纸来进行全面呈现的。尽管是平面一致、尺度相近的建筑平面，也会因为程序设计的不同而显现出迥然不同的空间氛围。由此，中国传统建筑的空间组织在于如何实现院落间的转换，呈现出一种层次性效果。中国传统建筑是一种四维的空间艺术，在三维立体的基础上，又加入了时间这一维要素来实现组织程序的展开[①]。

第三节　构成法则与社会文化的契合

在中国传统的观念里，建筑形制本身是"礼制"的内容之一，建筑没有自己

---

① 唐魁，刘娟，林少杰. 审视中国传统建筑群院落式构成法则[J]. 潍坊学院学报，2016，16（6）：45-47.

独立的分类和地位。在历史文明的早期，西方的国家为了祭祀各种主宰天地万物的神，建造了众多尺度巨大的神庙。中国人虽然也祭祀天地及祖先，但是出于"礼"的性质而非"宗教"的性质，建筑物本身仍然呈现出一种亲人的尺度。建筑的构成法则与人的等级差异、社会的宗法礼制高度地契合在一起，社会体制的延续从一定程度上促成了建筑构成法则的经久不衰。

一、内向庭院与物我一体

从中国传统建筑的图底关系中可以看出，分散的建筑布局与室外庭院充分融合。中国文化的自然观是将自然看作包含人类自身物我一体的观念。人与自然中的其他物质要素处于同样的层次与地位。由人为力量建造的建筑物和室外空间彼此并没有出现泾渭分明的对立，而是呈现出相互交融的关系。古人强调人与天的关系紧密相连、不可分割。与西方传统建筑与自然环境界限明确的做法不同，中国传统建筑则最大限度地将自然引入建筑之中。

建筑既是物质的建构，也是精神的塑造。任何建筑都是在一定的社会背景下建造出来的，必然遵从当时的社会文化，体现当时的社会思想。在中国传统文化中，"天人合一、物我一体"始终是一种理想的生活居住模式，这种思想深深影响了中国人包括营建建筑物在内的各种社会活动。中国人的生活受到农耕文化的限制，依赖于自然条件的优劣，人人敬畏自然，力求与自然保持高度的和谐统一，这种思想其实是农业文明扎根和传承的产物。

二、门堂分立与内外有别

由于庭院的存在，中国传统建筑的门和堂是分立而设的。门逐渐发展成为一组建筑物的外表，作为主人身份和地位的象征；而堂则演变成建筑真正的使用空间，切实实现功能需求的地方。"表征"与"内涵"相分离的设计思想是中国传统建筑体系所独有的。由于门的限定，内外、上下、宾主、男女的差异也相应显现出来。门堂分立一经"礼"的理论支撑，便更为牢固地被后世沿用下来。在建筑史发展早期，门的设置多数出于防卫性的要求，但沿用到后来大多可归纳为形式的需求。门如同一首乐曲的前奏，一出话剧的开场白，一部文学作品的序言，担负着引导和带领主体的任务。

由宋学者聂崇义参考多种古书编撰而成的《三礼图》提到了门堂之制，认为门堂之制是传统礼制的一部分，同时对宫廷建筑的内容和布局进行了明确的规定，将其作为一项重要的国家制度确定并沿袭下来。在宫廷建筑固化成为一种标准和形式以后，诸侯士大夫的房屋形制也随之确定并发展完善为中国古代早期的门和堂。中国古代早期的门和堂，并没有出现分立，这是受到生产力和建筑技术的局限，建筑处于功能单一、布局集中的原始状态。随着社会的进步和发展，人们的需求越来越复杂，建筑的功能越来越多。夏朝开始，随着国家的出现，建筑在行政功能的需求下产生了建筑群，开始出现前庭后院的布局。随着时间推移，在建筑整体中，门和堂相对分离的趋势越来越明显，门与堂演变为既相互独立，又相辅相成的两个部分。

三、层次深远与等级差异

门作为变换封闭空间景象的转折点，标志上一个院落空间的结束和下一个院落空间的开始。在中国古代的建筑组群中，给人印象最深刻的就是走过一重又一重大门。"侯门一入深似海"这句诗中的"侯门"一词为权势之家的代名词，"深似海"也生动形象地描述了豪门家族建筑的层次深远。越是显赫的王公贵族，其庭院规模越大，叠加的院落单元越多。层次的多寡除却空间上的作用，还契合了社会个体的等级差异。"庭院深深深几许？"一词写闺怨，景深、情深、意境深。而"深"在建筑层面显现出封建社会中女子大门不出、二门不迈的礼教，反映出男尊女卑的观念。

建筑等级制度在某种程度上有利于城市和各类建筑有序地发展。但另一方面，受建筑等级制度的限制，又会造成建筑体系、形制的相对停滞、凝固，限制了建筑的合理发展及新技术的使用。从历史经验看，有些建筑规制，包括城市和建筑群布局、建筑形式、结构和构造方式等，一旦与礼制相结合，就基本形成定制，依此发展而不容逾越，很难发生较大的改变①。例如，明代规定一二品官员厅堂为五间九架，三品至五品官员厅堂为五间七架等。这种规定看似规定了单体建筑的尺度，实则影响到群体规模的大小和院落层次的多寡。中国建筑布局也如同主流体系一样经历了长期连续相继的发展。

四、内聚封闭与内向尚祖

中国的地理环境较为特殊：西面被"世界屋脊"青藏高原阻隔，南面被云贵高原横截，西北部是茫茫沙漠和草原，东南侧则被海洋水域包围②。特殊而封闭的围合式地貌环境使得中国这种围合观念在潜移默化中滋长③。这种相对封闭的地理环境决定了古代人长期以农耕、定居为主的生活方式。古代时期半封闭的地理环

① 傅熹年，钟晓青. 中国古代建筑工程管理和建筑等级制度研究[J]. 建设科技，2014（Z1）：26-28.
② 张越，徐颖. 建筑空间形态与传统生活方式的传达——对传统民居庭院空间的探究[J].建筑设计管理,2011,28（9）：43-45，48.
③ 黄博文，杨大禹. 中国传统民居院落空间的"围合"哲学[J]. 华中建筑，2018，36（8）：13-17.

境以及以农立国的国情造就了当时自给自足的经济生活方式，并且塑造出了中国
文化的内倾性格。这种生活方式和文化性格促进了防御性、内聚、封闭空间的产
生。从住宅、园林、宗庙到宫殿，无一例外地遵循着门堂之制和空间序列化院落
布局。中国传统建筑在数千年工艺技术日趋完善的同时，其建筑群体的院落布局
没有产生根本性的突破和变革。中国文化所强调的宗法制度使建筑布局长期沿袭
前朝的做法，只有在外部环境发生大的变动时，建筑才会产生较大的变革，这反
映出中华民族很重要的特点，就是对待事物常常采取内省、中庸的态度。

　　中国传统建筑讲究"有宅必有园"，这种特点不仅普遍存在于我国古代历朝的
官式建筑中，也普遍存在于各地的民居建筑当中。中国的传统建筑基本上都采用
背外向内、外实内虚的形式，大都采用四合院作为基本布局单元，与西方的花园
别墅形成了鲜明的对比。西方的花园别墅大多为外向型布局，主要以建筑作为构
图的核心，将各种庭院、花园布置在建筑四周。封闭、内向的固化布局模式也深
刻影响着人们的思维方式，中国人自古以来崇尚聚居生活，人们的思维也逐步形
成封闭、内向等特点。

五、主次分明与长幼尊卑

　　中国传统的院落布局与宗法礼教制度有着密切关系，遵循森严的等级制度，
"家国同构"的思维模式贯穿在中国传统社会中。传统封建社会的基本单位是"家"，
无论是从道德观念去分析，还是从政治思想和组织结构去分析，家与国，君与臣，
父与子都是相互对应的概念，父子概念扩大和延伸后就对应君臣。作为封建宗法
制度的核心思想，儒家所提倡的"礼"是每个家族都尊崇的。

　　宗法制度深远地影响了建筑的发展，中国古建筑集群就是以"家"为单元和
原型进行演化与发展的。四合院式的建筑群落在住宅平面布局上具有主次分明、
功能明确的特征，长幼、尊卑、主次、男女都各自有其明确的分区和安排，共同
遵守着社会中的伦理观念。一组建筑中重要的高等级建筑无一例外地都安置在中
轴线上，次要的建筑则分布于左右两侧的横向轴线上，由此形成院院相叠、层层
递进的总体格局。

　　在中国传统建筑群体构成法则里，从总体规划就采用了与西方建筑截然不同
的"房屋包围着空间"这一庭院式布局。院落单元的构成方式虽然简明而有限，
但却通过尺度的变化适应不同地区、不同气候和不同的建筑类型，并且通过轴线
的控制、数量的叠加和开合的变化来形成空间氛围各异的建筑组织程序。中国传
统建筑群体的构成法则与封建社会的等级差异、宗法礼制高度契合在一起，在
3000多年的发展中延续不断、经久不衰。

第四节　中国传统建筑群院落空间形态分析

一、传统建筑院落式布局的类型

中国传统建筑院落式布局从构成的秩序原则上看，基本可以分为两种类型：一种是中轴线布局，严整宏伟、整齐划一；另一种是自由式布局，灵活多样、曲折变化。但凡是与帝王的皇权相关的城市或者建筑，只要选址条件允许，大都会选择第一种布局。无论是都城、皇城、宫城，还是宫殿、坛庙、陵墓，乃至下属官府的衙署、厅堂、宅第，还有宗教的寺院、道观、祠堂等，大都尽可能采用中轴线布局。

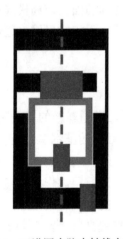

图 2.7　三进四合院中轴线布局

1. 中轴线布局

中轴线布局也可以称作规则式布局，在构图上有一条明显的中轴线，中轴线上布置主要建筑物，中轴线两侧布置陪衬建筑物。这种布局的显著特点就是主次分明，左右对称，并且体现出很强的内向性，如图 2.7 所示。建筑之间的空间要素，对应在群体建筑中是指建筑围合而成的院落空间。院落在形状上常常呈现向心、围合的关系，界域多呈现封闭的状态，在空间形态上则具有内聚与收敛的特点。通过组织院落空间以形成轴线；通过塑造大小不同、形式各异、明暗对比的院落创造变化的空间，以产生空间的主次。

中国古代宫殿建筑群的院落空间形态就是典型的中轴线对称，并且是纳入整个首都的城市规划做通盘考虑的。宫殿作为社会礼制的表征，受到严格的等级制约和规范。建筑物的体量、尺度和形式都表明了使用者的身份等级。建筑上所要表现出的空间形态，限制建筑的规则思想。诸如此类的礼制建筑从规划布局、院落组合，乃至构造和装饰，都呈现出阶级明确、井然有序的形态，最显著的特征就体现在围绕中轴线的布局上。

以寺庙建筑的布局为例，中轴线上位于最前方的是影壁或牌楼，往后是山门，进入山门依次展开的是前殿、大殿、后殿，再往后是藏经楼等。在中轴线两侧布置相应的附属建筑，总体更加整齐严肃，山门的两侧设旁门，大殿的两侧设配殿，其余建筑的两侧设廊庑或配殿。古代的工匠采用对比、衬托的手法来突出中轴线上主体建筑的庄严和雄伟。一般院落的平面形式多呈长方形，主体建筑在院落的北侧，而入口在院落的南侧，在到达主体建筑之前会有一系列的空间作为引导和铺垫，使主体建筑的等级感加强，也更加满足了"礼"的要求[①]。

2. 自由式布局

自由式布局讲究因地制宜、巧于因借，按照山川地形、周边环境和自然条件来进行灵活布局，追求自然野趣，很多空间节点都能体现出很强的外向性。民居甚至部分寺庙，如果位于山脚或河边，大多迎水或背山，根据山形地势，进行层层建筑。我国西南山区、江南地区，还有其他地形复杂多变的地区，这种布局就显现出其优势所在。

这种布局方式一般是在规则性庭院的基础上灵活调整，如布局轴线的移位和转折，在很多依山傍水的寺庙建筑组群中较为常见，典型的如四川省灌县二王庙的布局特点，轴线从东山门引入后，连续三次经过 90°的转折才进入主轴线。整个轴线上的布置循序渐进，高低错落，因地制宜地利用地形特点形成别样的境界[②]。园林为了塑造出空间意境，也往往采用不规则的布局形式，例如，在规则庭院附加上自由的园林。一座园林往往由多院落空间组合而成，每一个单独的院落空间同样由廊、墙或其他景观要素组合而成。若干个院落空间相互之间保持着各自的独立性，同时也保持着必要的联系。这些不同的区域间互相渗透，互为因借，组织出曲折变化、余意不尽的空间格局。廊作为梳理交通流线的元素将园林内各个相对独立的建筑及院落连为一体。如图 2.8 所示，江苏省苏州市的拙政园明显由两部分院落空间组成，而每个部分又由数个主题不同的区域构成。

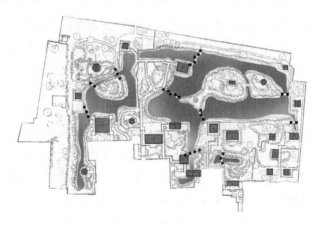

图 2.8 拙政园自由式布局

① 陈忙锋，虞春隆，吴国波. 中国传统建筑院落模式根源浅析[J]. 华中建筑，2015，33（10）：162-165.
② 芦彪. 中国传统庭院式建筑布局中的文化基因探析[J]. 美与时代（上），2017（11）：71-72.

　　出于游览、赏玩的功能需要，园林建筑的边界往往处理得比较通透，会采用柱廊、墙垣来围合或划分庭院空间，并结合假山、树木、水等造园要素，让空间隔而不断、藏而不露。园林中单个庭院基本是由墙、廊和建筑围合而成，但是廊和墙在形式上有较为丰富的变化，可处理成各式镂空花窗、装饰性较强的云墙，而山、水、石、植物等元素进一步增加了空间的趣味。自由式布局的群体院落，要素之间的关系是拓扑关系，向心、互含、互否等都有所体现。各要素之间不是严谨对称的关系，墙与房的关系也变得松散，空间的内向性和封闭性减弱了，而外向性和流动性加强。自由式布局的院落平面同样富有开合变化的节奏感，空间处理上张弛有度、多样有趣，通过山水相映、虚实相生、疏密相间的布置，带给游览者丰富的视觉体验与空间感受，并且使空间在水平方向上产生了无限的延伸感。

　　我国疆域辽阔，自由式布局更能满足众多地区和各个民族不同文化特点、风俗习惯的需要，几千年来不断丰富和演化，形成了科学的理论基础。我国山城、水乡、特色村镇布局，大多根据自然地形、河流水系的情况，因地制宜地规划并发展出兼具实用和美观的古城镇格局和建筑风貌。随着现代城市布局及其功能的变迁，建筑群体不能再完全采用传统的内向型布局，但是仍可沿袭因地制宜的布局思想，形成符合城市环境特征的空间组合关系。

二、传统建筑院落式布局的"缺陷"分析

1. 外部形象单调

　　传统建筑院落式布局虽然有很多可取之处，但显然与现代生活不相适应，它存在一定的缺点。首先，建筑总体规划要合理控制建筑规模，除去塔、楼阁，多数传统木构建筑物高度不高，若平面尺度控制不当，建筑的四周景物就会呈现出单调、空旷的感觉，或者导致比例失衡。因此，在一些中型或大型的园林建筑中，只能在其中某个部分采用这样的布局。其次，内向布局的建筑物全部采用外实内虚、背外向内的形式，所以建筑物的外部形象看上去过于死板。建筑群如果采用院落式布局，建筑群的外界面就需要进行点缀或修饰。如图 2.9 所示，故宫建筑群的外观也主要依靠宫门、角楼等要素的点缀，同时还有树木的簇拥以及护城河的映衬。如果从城市设计的角度来看，传统院落式建筑群之间没有体型关系上的彼此呼应和共同作用，很难产生积极的城市公共空间。但是从空间塑造的角度分析，外部的单调形象反而给进入建筑群后的空间体验制造出反差，突出主题。

图 2.9 故宫的外部建筑形象

2. 交通流线过长

相较于集中式布局，院落式布局使得建筑流线拉长，建筑群中各个部分的联系需要依靠室外的院落和廊庑完成，建筑的布局不够紧凑。门堂分立将标志建筑等级的大门和实际使用空间的堂相分离，这种分离必然造成松散化的功能布局。例如，四合院中的主要使用空间正房和附属服务空间厕所，两者在空间上联系不够紧凑，严寒酷暑的恶劣天气情况下，人们在使用的过程中就会存在诸多不便。

当前建筑师在设计现代建筑或者进行旧建筑改造时，在基地条件允许、建筑功能适宜的情况下，会借鉴传统的空间处理方式，有意识拉长流线，并且在这条动线上强调明暗、开合的对比，塑造内外空间交融的空间感受。如图 2.10 所示，北京定慧圆·禅空间的设计核心就放在空间流线的重组上，原来建筑就是常见的"L"形布局，流线平铺的形式。建筑师希望改造后的会所能够体现出小中见大、峰回路转、移步换景的场地精粹，所以营造出了超长、曲折的路径，让人在空间体验的过程中能够平复心情，进入一个具有东方意蕴的空间。由此可见，我们说交通流线过长是传统布局的缺陷也并不是绝对的，对于普通的住宅建筑来说确实会造成很多迂回和不便，而对于需要塑造空间氛围的会所、展览等建筑，有意识、有变化地拉长流线反而会为空间注入活力、增添趣味。

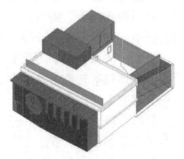
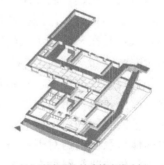

（a）改造后增加建筑体量分析　　　　（b）改造后拉长建筑流线分析

图 2.10 北京定慧圆·禅空间改造设计分析

（c）入口增加一条窄长空间　　　　　　（d）庭院增加楼梯+坡道空间

图 2.10（续）

3. 密度高、容积小

由于传统院落式的建筑布局往往采用一层平铺延伸的方式，所以建筑物基底面积相对较大，建筑物覆盖率较高，但容积率并不大。建筑密度高，城市的用地中就没法留出足够的面积用作城市的公共空间，如绿地、广场等。在中国城市建设用地紧张的现状下，传统的布局显然有一定的弊端，为了城市开发，为了商业利润，很多老城区和老建筑都被拆除了。当前商业建筑的开发商大多追求高容积率，以降低房屋的单方开发成本。因此，市场上以中式院落住宅为主打商品的楼盘都是注重空间品质的高端小区，大多价格不菲；并且在一些老城区的改造中，建筑师都在传承传统院落空间布局特色的基础上，考虑如何降低建筑密度、提高容积率。

4. 体形系数较大

现代建筑中，常采用体形系数衡量建筑的节能效率。体形系数的概念是指建筑物与室外大气接触的外表面积与其所包围体积的比值。一般情况下，体形系数越小对节能越有利。在建筑表皮所包裹体积一定的情况下，传统院落式建筑与室外大气接触的外表面积越大，围护结构的散热面积就越大。所以，在一些传统建筑的改造中，或者是在一些新中式建筑的设计中，可以发现设计师采用了一系列的策略来减少院落式布局建筑的体型系数，例如，增加建筑物的层数，加大建筑物的体量，加大建筑物的进深，将建筑原本的室外院落转换为室内中庭。这些做法就是在尽量改变传统建筑高密度、低容积的离散布局。北京著名的菊儿胡同改造，就是结合了四合院和单元楼的优点，在紧凑合理安排住户空间的前提下，减少了建筑物的体型系数，这对于冬季的北京来说非常有利于节能。

庭院是中国传统建筑组群布局的灵魂所在，也是大多数中国人至今都向往的住所空间，中国人的庭院情结已经有几千年的历史。古代诗词也极尽美好之词去描写庭院的诗意美景，与庭院有关的唐诗宋词不计其数：王勃的"初晴山院里，何处染嚣尘"；白居易的"动摇风景丽，盖覆庭院深"；欧阳修的"庭院深深深几许，杨柳堆烟，帘幕无重数"；苏轼的"墙里秋千墙外道。墙外行人，墙里佳人笑"。庭院俨然已经成为一种文化的烙印，是人们心中一片私密的天地，院子中的春夏秋冬、花鸟树木，种种景色都与人的思绪、情感密切联系在一起。我们现在身处的城市寸土寸金，私家庭院已经成为奢侈品，但公共建筑中仍然可以通过巧思设计出共享的室外庭院，满足人们共同的心理诉求。

在合肥华润置地合肥东大街售楼中心的设计中，直向建筑设计事务所就尝试着在建筑空间和城市空间之间点缀若干庭院，试图让人们在嘈杂的城市环境中感受宁静、安详，如图 2.11 所示。无论是从建筑透过庭院看向城市，还是从城市隔着庭院望向建筑，都是多层次的视觉关系；并且每一个庭院的主题都不尽相同，有水院、竹院、花院，它们演化成建筑和城市之间的视觉过滤器。夜晚，院子被灯光点亮时，也成为不同颜色的发光体，渲染着城市的街道空间。在这个建筑方案的创作中，庭院已经不再是传统规整的样貌。传统做法中，把庭院放在建筑中央，庭院就是建筑内部空间的媒介，内向而封闭；上述案例中，把庭院放在建筑边缘，庭院就是建筑与街道的媒介，向内向外都有渗透关系。庭院只有融合现代建筑的创作手法，结合现代的材料，才能焕发强大的生命力。

（a）总体建筑模型（俯视图）

（b）外景

（c）内景

图 2.11　合肥华润置地合肥东大街售楼中心

拓展阅读书目

1. 计成. 园冶[M]. 北京：中国建筑工业出版社，2015.

2. 甫玉龙. 北京的院落[M]. 北京：经济科学出版社，2018.

3. 眭谦. 四面围合——中国建筑·院落[M]. 沈阳：辽宁人民出版社，2006.

4. 禾子. 借个院子过生活[M]. 北京：化学工业出版社，2019.

5. 何刚. 院落组成的传统村落——空间与行为[M]. 南京：东南大学出版社，2019.

第三章　单体建筑构成——三段式构图

第一节　三段式构图

一、三段式构图的普适性

　　三段式构图是一个广泛应用于各个行业的构图原则。我们常见的花、草、树、木、舟、车、服饰、器皿，它们的体型大部分都可以分为上、中、下三个部分，文章、剧本的写作也有三段式的谋篇布局，所以这并不是建筑才具备的特点。具体到建筑的立面构图，不仅仅是中国的传统建筑如此，西方的古典建筑也如此，甚至很多现代建筑也符合这一构图原则，如图 3.1 所示。这说明建筑在建造和功能方面的需求会自然而然地产生上、中、下三段的处理策略。

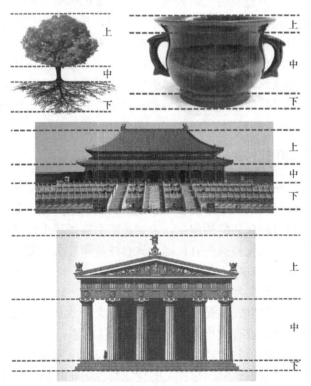

图 3.1　树、陶器、中外传统建筑的三段式构图分析

台基避潮、屋身围护、屋顶排水，审视中西方的民居建筑，在构成上并没有显著差异。虽然同样采取三段式构图，中国古典建筑主要向人展示它雄伟壮阔的正面风貌，从宫殿、坛庙、陵墓到民居，大都将主入口放在正面，向南侧打开。而西方古典建筑则倾向于展现建筑的山墙面，从雅典卫城的各个神殿到后来的诸多教堂，无一不在山墙上做装饰、做文章。

二、中国建筑的三段式构图

宋代将三段式的构图叫"三分"，清代匠作称为"三停"。大意是，房屋由屋顶、屋身和台基三个部分组成。这三个部分各有相对的独立性，又是协调、统一的整体，各部分都能呈现出优美的形象特征。单独的台基可以用作独立建坛，北京的天坛、地坛、日坛、月坛都是一座座的基础，坛而不屋的做法形成了中国特有的祭祀建筑。只有台基、屋顶而没有墙身又可以演变出亭、廊、台榭等建筑形式。

中国院落式布局空间体验的节奏也可以分为三段式：第一段从大门进入内向庭院；第二段由庭院拾阶而上，走进檐下的灰空间；第三段由檐下进入围合的室内空间。这一点在西方建筑的空间处理上没有较多的体现，所以中国的三段式更倾向于立体构图。在中国立面的三段式中，体型关系的比例完全不同于西方建筑形式。台基、屋身、屋顶在尺度上处于平衡的关系，体型特征又各有各的特点。以故宫太和殿为例，台基硕大向外延伸，屋身向内退让做廊，屋顶舒展外延以遮住大部分台基。中国这丰富独特的"第五立面"显然是西方古典建筑没有的。对于很多中国传统建筑，即便是站在围墙外，也能看到大屋顶远远伸出，彰显着自己的柔美姿态。

三、西方建筑的三段式构图

所谓欧洲古典三段式处理就是将建筑的立面划分为纵向或横向三段，左右对称、雄伟庄严。以目前遗留下来的古希腊建筑为例，竖向可以分为三个部分。最下面是台基，中部是柱廊环绕的屋身，上部是两面坡屋顶山墙做山花装饰。具体到希腊柱式，除了多立克柱式没有柱础，只有柱身和柱头，爱奥尼柱式和科林斯柱式也都明确地分为上、中、下三段。

西方的三段式更趋向平面构图，无论是街道两侧，还是广场周边，西方的古典建筑无时无刻不在向世人彰显它那"美丽的脸庞"，也就是精致、细腻的沿街立面。但西方的古典建筑没有突出过某个建筑的硕大台基，没有试图设计多种多样的建筑屋顶，上、下两段只是稍加变化和装饰，而着重突出和渲染中间部分，如丰富的柱式运用。西方建筑立面总体上的构成均控制在几何构图中，呈现出逻辑应有的美感，这与中国的设计手法有着明显差异。

第二节 台 基

一、台基的作用

中国古代建筑从原始半地下穴居发展到地面上的直立房屋，地面建筑出现以后，为防止木构建筑受潮腐朽，确保建筑的地基稳固，将松散的土夯实，筑起方形的土台，这就是最初的台基。我国古代建筑主流的结构体系是木构架，木构架需要有坚固的台基作为支撑和保护，这一特征与西方的砖石体系承重结构截然不同。中国传统建筑尤其重视基础的构筑。一座建筑物的建造之始，首先要下挖较深的地基，然后夯土版筑一直到接近地平面的位置，再建造台座，台座之上布石柱础，柱础下方还设有坚固的础基，唐以后础基多用碎砖、夯土相间进行捣实，石础之上才能建立木构架。台基建造得高大，不但安全利于防卫，而且能呈现出壮阔的气势。

1. 防水避潮、稳固基础

建筑的底部台基，早期出现是为了防水避潮、稳固基础，后来的不断演化则出于外观形象的需要和等级地位的需求。建筑物具有一定的自身重量，在建造建筑之前先制作一个坚实、平整的台基作为基础，能够保证建筑物建成后不会沉陷。"大兴土木"中"木"指建筑的木骨架，"土"则指底部的夯土台基。中国传统建筑通过重物夯实将松散的土压实并保证平整，其内部的土层构造极其致密。这种夯土台基在中国古代被广泛使用，除去建造房屋的基础，还用于建造墙体。由于夯土台基牢固却不够美观，在土台外面用砖或条石包砌，便可以形成砖砌台基和满装石座。台基的上表面就是房屋的地面，早期建筑的地面为土质，后期出现了木铺地和砖铺地，这种装饰在另一个方面也起到了保护台基的作用。

台基上方会承托一类重要的构件——柱础，通常是石作。柱础一方面可以抬高木柱的底部，防止木构件受潮腐烂；另一方面可以扩大柱子底部的受力面积，分散荷载。柱础的发展也经历了由低矮到加高，由素光到华丽雕刻的演变，逐渐成为装饰性较强的一个构造部分。台基周围一圈的土地表面会镶嵌石子，当雨水从坡屋顶的屋檐汇集流下，这些不规则的石子则将水滴分散弹射到各个方向，分解雨水的冲击力，起到保护台基的作用，这就是传统建筑物散水的做法。

2. 调适构图、扩大体量

中国古代木构建筑由于其取材的限制，难以形成更大更复杂的空间，台基就很好地起到了调适构图的作用，从视觉上扩大了建筑的体量，弥补了中国传统木构建筑不够高大、雄伟的缺陷。以故宫太和殿的台基为例，由三层须弥座相叠，使太和殿显得异常宏伟，并且也扩大了建筑前方的活动空间。中国传统建筑的大屋顶如同人的头部，直立的屋身部分如同人的躯干，而台基就好比是人的双足。台基作为上面两个部分的承托，也是建筑物形成稳固视觉形象的重要因素。

　　天坛的主体建筑祈年殿，是三层重檐圆形大殿，三层重檐依次向上逐层收缩作伞状。其殿座就是圆形的祈谷坛，三层共 6 米高，衬托主体建筑气势巍峨，如图 3.2 所示。颐和园中的佛香阁，底部石砌台基高度为 20 米，楼阁主体高度 36.44 米。佛香阁之所以能够在万寿山前山立面的构图中处于中心的控制地位，且能将园西侧层次丰富、山水无限延伸的景色借入院内，都是得益于台基对于体量的扩大和对观景平台的提升，如图 3.3 所示。

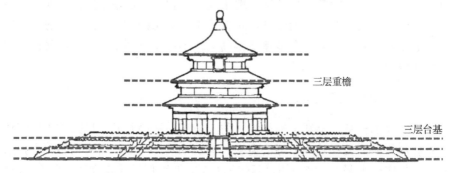

图 3.2　天坛祈年殿比例分析

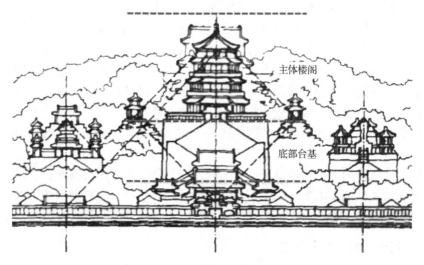

图 3.3　颐和园佛香阁比例分析

3. 等级标志

台基不能毫无节制地进行加高，因为会耗费巨大的人力、物力。台基的大小有具体的规定，这些规定也就是阶级地位的控制和体现。《礼记·礼器》和《大清会典事例》中都有关于等级与台基高度的规定。故宫中，太和门台基是单层汉白玉须弥座，高 3 米多。体仁阁、弘义阁是太和殿的两厢，为青砖台基。太和殿台基是三层汉白玉须弥座，高 8 米多。从台基的高度和做法就能够辨别建筑的等级差异。在陵墓建筑中，门殿采用包台基月台，主殿采用正座月台，同样是区分等级的做法。

当建筑在发展演化的过程中逐渐定型化、模数化，台基的高矮、大小也就随着技术而加以规定，符合模数制的要求。台基的高度会随着房屋的规模以及庭院的大小而调整。建筑的各个部分要在构图上取得合理的权衡。

4. 独立建坛

坛即为祭坛，东汉《说文解字》中的解释大意为坛，原指在去除杂草的平坦地面，用土筑造祭祀神灵的高台，古人祭祀天地、日月、山川、祖先、先贤的祭坛往往采用坛而不屋的做法，不尚华饰、淳朴自然。社稷之祀，坛而不屋。所以社稷坛是露天的，但为了给天子遮风避雨，往往在祭祀建筑群中设置斋宫。考古发现早在原始社会就遗留下来多处祭坛遗址，有石砌、夯土台、土墩等，说明史前就普遍存在着祭祀习俗。新石器时代的祭坛，全部处于地势较高的位置，这是远古人类对"天高而远"的认知，在高处筑坛，便可缩短人与天的距离，更方便与天沟通。

二、台基的构成

台基的构成主要涉及四个概念：①台明，即台基的主体（台明的长宽尺寸要遵循"下檐出"小于"上檐出"的规定，为建筑留出必要的"回水"）；②台阶，即台基的踏步；③栏杆，即台基的栏杆，台基较高时设勾栏；④月台，即台明的延伸，高等级的建筑才有。而月台又可以从形制上分为两类：正座月台和包台基月台。正座月台位于房身基座前方，适合庭院中心居主体地位的殿屋使用，等级较高。包台基月台的基座前半部正面和侧面全包合，适合门屋、门殿之类的建筑，等级较低。如图 3.4 所示，清西陵的陵寝月台都基本符合上述规律。

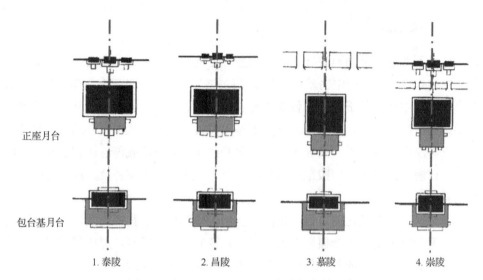

正座月台

包台基月台

1. 泰陵　　　　　2. 昌陵　　　　　3. 慕陵　　　　　4. 崇陵

图 3.4　清西陵各陵的正座月台和包台基月台

三、台基的种类

台基从样式上可分为：平台式，即普通台基；须弥座，即侧面上下凸出、中间凹入的高等级台基。平台式普通台基根据包砌材料的不同可分为两种：砖砌台明和满装石座，如图 3.5 所示。砖砌台明是指台帮部分用细砖镶边，包角用石活或仍用砖作，这属低等次台基。满装石座是指整个台明包括台帮全用石活的做法，属中等次台基。须弥座主要用于重要组群的重要殿座。须弥座由佛座演变来，形式与装饰都比较复杂，一般用于高等级建筑，如宫殿、坛庙的主殿、塔、幢的基座等。最早的须弥座实例见于北朝石窟，装饰极少，形式简洁。唐代的须弥座装饰性加强，风格华丽，后朝的五代、两宋、辽、金都延续了这种风格。如图 3.6（a）所示，宋式须弥座分层多，大致有 9～12 层，层次构成主次分明，个别线脚不合理，整体风格秀挺、精细、洒脱。元代开始，须弥座的样式趋向简化。如图 3.6（b）所示，明清时期须弥座上下基本对称，束腰变矮。清式须弥座分层较宋式分层少，大致 6 层，无明显的主体层次，线脚形式推敲更为合理，整体呈现敦实、粗壮、庄重的格调。

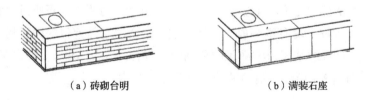

（a）砖砌台明　　　　　　　　（b）满装石座

图 3.5　平台式台基

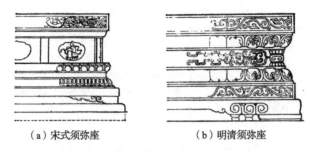

（a）宋式须弥座　　　　　　　　（b）明清须弥座

图3.6　宋式须弥座和明清须弥座

四、台基的附属构件

1. 栏杆

栏杆，原作"阑干"，开始是用木料编织的遮挡物，逐渐发展出砖、石、琉璃等不同材料制成的栏杆。栏杆之所以能够成为中国古建筑很重要的构件，就是因为台基和栏杆有着不可分割的关系。现已发现最早的栏杆应是木构的直棂栏杆，位于距今 7000 余年前的浙江余姚河姆渡新石器时期聚落遗址中。"栏"随"台"而至，台基高了，就必然需要栏杆做围护，这是一种安全、围挡设施，单层的亭、台、榭、坊中也设置栏杆，主要是加强空间的限定，栏杆既产生隔断，又能产生通透的视觉效果。栏杆在宋代被称为勾栏。栏杆主要由望柱、寻杖和栏板组成。望柱就是栏杆中栏板与栏板之间的立柱，俗称柱子。望柱主要由柱头和柱身两部分组成。柱身极为简单，多数情况下只做成方形石柱而不加雕饰。望柱的变化主要表现在望柱头。寻杖也称巡杖，是栏杆上部横向放置的构件。寻杖最初为圆形截面，后来发展出方形等截面形式。栏板多用雕刻花纹作为装饰，非常漂亮、华丽，所以也被称为华板。栏板置于望柱与望柱之间，如果从它的剖面看，为上窄下宽的形式。栏杆最初是作为遮挡物，后来渐渐发展、变化，式样逐渐丰富、雕刻日益精美，成了重要的装饰设置。在园林中，栏杆还可以起到隔景与连景的作用，功能似漏窗，而外观似花墙。

2. 台阶

台阶又称踏跺或踏步。中国传统建筑中的台阶大多用砖或石条来砌造，位于建筑台基与室外地面之间，宋称"踏道"，清叫"踏跺"。台阶不仅能处理高差，还有助于空间从人工建筑环境到周边自然环境之间进行过渡。台阶一般有阶梯形踏步和坡道两种，又可根据形式和组合方式的不同具体分为御路踏跺、垂带踏跺、如意踏跺、坡道或慢道，这些台阶的等级、应用及做法均有一定差异，如表 3.1 所示。从等级上来看，御路踏跺等级最高，垂带踏跺高于如意踏跺。

表 3.1　台阶的类型

类型	图示	做法
御路踏跺		将台阶踏步和御路组合在一起，斜道又称辇道、御路、陛石，坡度很缓用来行车。一般用于宫殿、寺庙建筑
垂带踏跺		踏跺的两旁设置垂带石。宋代以前，建筑会设有两组垂带踏跺，东阶供主人行走，西阶供客人行走
如意踏跺		踏跺不带垂带石，踏步沿左、中、右三个方向布置，可沿三个方向上下。一般用在住宅和园林建筑中
坡道或慢道		用砖石露棱侧砌形成的斜坡道，可以有效地防滑。一般用于室外高差较小的地方

第三节　屋　身

一、屋身的作用

现代建筑中，建筑立面的设计重点往往集中在屋身部分。而中国传统建筑的屋身设计则具有另一重作用，那就是将屋身作为院落围合的要素。换句话说，单体的屋身也是庭院的四壁。这四壁的做法如果是简单、断然的分割，那庭院的空间感受就会显得封闭而困顿，阻碍了空间上的延续和渗透。中国传统建筑的屋身在水平方向具有多重层次，如图 3.7 所示。第一个层次在檐口下方直至台基都是一个虚空间；第二个层次在檐柱的位置，如果建筑是设有檐廊的，第二个层次就是由檐柱和枋交接形成的框架；在第二个层次的基础上，第三个层次也就是室内外空间真正的气候界面，门窗墙体所在的面。这种多层次的屋身并不是立面构成的结果，而是作为空间的柔和过渡，作为结构设计的一种真实呈现。从外观看，屋身立面退于檐口后方，具有丰富的装饰。柱、额枋、雀替、斗拱都是大木构件，相互之间形成了合乎力学美感的组合。而门扇的图案形成了细腻、变化的肌理。

二、面阔与进深

面阔和进深共同决定了建筑屋身的大小。面阔方向以"间"为单位，进深方向以"步架"为单位，佛光寺大殿"面阔七开间，进深八架椽"描述的就是建筑物的规模。中国古建筑的屋身构成非常简明，因为建筑在平面上以"间"为单位，所谓"间"就是相邻两榀屋架构成的空间，也可以理解为4柱之间的空间。通过观察古建筑的屋身开间，就能够判断出建筑内部空间和结构布置。建筑的立面、平面、结构之间是不存在独立设计的，它们相互影响、相互制约、不可分割。屋架上檩条与檩条之间的水平距离称为"步"，各步总和称为通进深。宋代各步距离有相等、递增、递减或者不规则处理的。清代时各步距离基本相等。

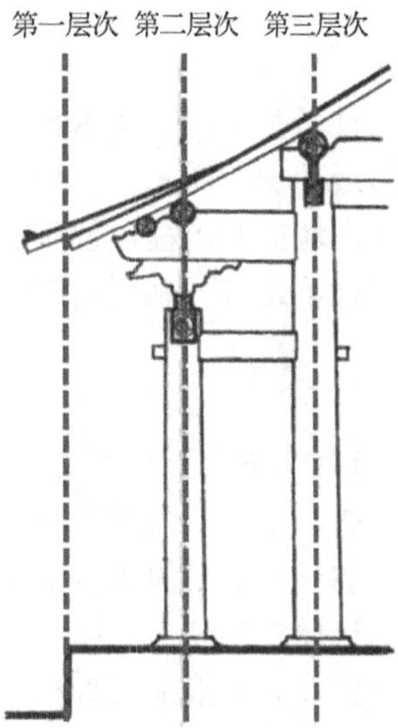

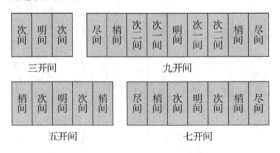

第一层次 第二层次 第三层次

图 3.7　传统建筑的三重屋身层次

三、开间与等级

从等级体制看，开间愈多，等级愈高。皇宫大殿九开间、五进深，九五的组合是帝王的专用。北京故宫太和殿、太庙正殿，在清代由过去的九开间进一步扩大为十一开间，这更显示了皇权神圣不可侵犯。保和殿是重檐歇山顶，九开间，显然比太和殿低一级。明朝和清朝对王公大臣的府邸规模都有明确规定，对普通百姓的房屋也有限制。建筑开间的名称由中间向两边依次为明间、次间、梢间、尽间，如图 3.8 所示。明间在宋代称为当心间。在夏商时期，建筑各间面阔相等，后来演变为当心间最宽，次间稍窄，梢间同次间宽或更窄，尽间最窄，这种做法能够突出当心间地位，强化中轴线的控制。宋代建筑中也曾出现各间相等或各间不均的情况。开间的大小取决于柱距的变化，在屋身上反映出构图的韵律。不同柱距构成不同的开间，使立面在统一之中产生极大的变化，这是中国建筑的创举①。

次间	明间	次间

三开间

尽间	梢间	次二间	次一间	明间	次一间	次二间	梢间	尽间

九开间

梢间	次间	明间	次间	梢间

五开间

尽间	梢间	次间	明间	次间	梢间	尽间

七开间

图 3.8　传统建筑开间称谓

---

① 李允鉌. 华夏意匠[M]. 天津: 天津大学出版社, 2005: 183.

四、柱子

柱子是中国传统木构建筑中最主要的直立承重构件。柱又分很多种类：最外侧靠近屋檐的叫檐柱，位于建筑四角的叫角柱，位于屋脊正下方的叫中柱，中柱落在山墙的叫山柱，位于檐柱与中柱之间的叫金柱。除了位置和其对应称谓的不同，柱子还有一系列相应的构造做法。

1. 梭柱

《营造法式》中对梭柱做法进行了明确规定，将柱身依高度等分为 3 段，上段有收杀，中、下两段平直。河北定兴北齐义慈惠石柱顶端的建筑雕刻，反映了我国目前已知最早的梭柱形象。该柱断面圆形，上段收杀较缓，下段收杀较峻。柱虽然形体较为庞大，以至于比例有些失调，但刻画却十分细致逼真。元代以后的重要建筑大多数采用直柱，与平直、严谨的建筑形象发展趋势也保持了一致。

2. 生起

生起又名升起，在中国古建筑的外檐部两端向上升高少许，使原本平直的檐子出现一种反曲向上的线条，产生一种柔和的感觉，也叫檐口升起。《营造法式》对此作出了明确规定，建筑当心间的柱高保持不变，次间、梢间、尽间柱头依次升高两寸，即 0.2 尺（1 尺约为 33.33 厘米），使檐口形成一条缓和的凹曲线，如图 3.9 所示。

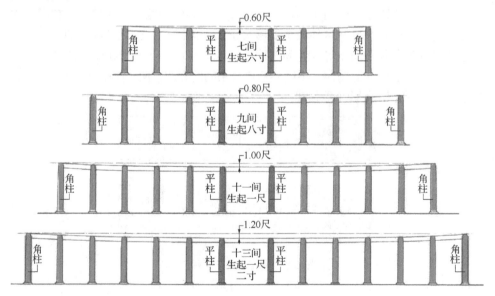

图 3.9　生起做法分析图解

3. 侧角

为了加强建筑整体稳定性，建筑最外圈柱子的下脚通常向外侧移一定尺寸，使外檐柱上端略向内侧倾斜，这种做法叫作侧角。如图 3.10 所示，宋代建筑规定外檐柱子倾斜柱高的 10/1000，山柱向内倾斜柱高的 8/1000。而角柱在两个方向都有倾斜，从而使建筑获得较好的稳定性。这种做法到了明清时期已不常见。

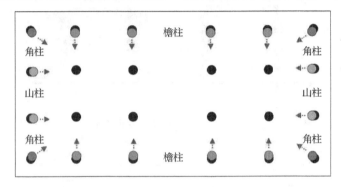

图 3.10　侧角做法分析图解

梭柱、生起、侧角的构造做法结合在一起，形成中国传统建筑在屋身部分处理构图的美学原则，与下面介绍的斗拱一起，使建筑的形体线条产生有趣而微妙的变化。这种变化是由木材的特性决定的，中国的砖石建筑试图模仿木构的形式，但即使技术上能够成功，也无法呈现木构建筑微妙的美感。

五、斗拱

斗拱位于檐口下方，作为直立屋身和倾斜屋顶的过渡、联系以及荷载传递的关键性结构，确切的位置一般位于立柱和梁之间。斗拱起使屋檐向外大幅度出挑的作用，成为中国传统建筑的标志性特征之一。如图 3.11 所示，斗拱的出现，使垂直的柱和水平的梁之间受力面积加大，同时减小了竖向承重构件的净跨距离。如图 3.12 所示，随着屋顶出檐的增加，柱子需要增加构件支撑外檐的挑檐檩，早期的擎檐柱就扮演了这一角色，后来斗拱的出现也是早期各种做法演化的结果。如图 3.13 所示，斗拱解决了屋檐的出挑，也就留出了回水的位置，迎合了不同季节太阳高度角的变化，营造出冬暖夏凉的室内环境。

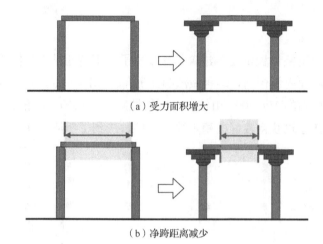

（a）受力面积增大

（b）净跨距离减少

图 3.11 斗拱承重作用分析图解

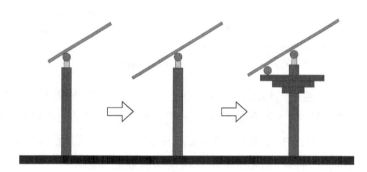

图 3.12 建筑出檐演化过程图示

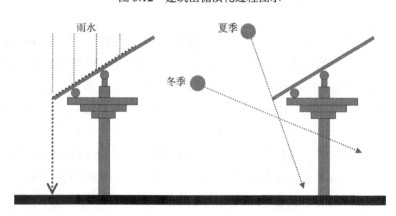

图 3.13 斗拱出挑作用图示

　　柱顶上最大的一块方形木块叫大斗或栌斗，由此伸出层层相叠的构件叫拱，拱与拱之间起垫托作用的方木块叫斗。昂是斗拱中斜置的构件，其作用和拱相似，都是完成向外出挑的任务，但拱起到了杠杆作用。露在室外的昂称为下昂，露在室内的昂称为上昂，唐宋时期，这种斜向的构件都是真昂，具有真实的结构作用，明清时期的昂基本是假昂，一般只起装饰作用。斗拱起初的作用是把荷载从屋顶传递到立柱，唐宋时期便是如此，明清之后的斗拱虽然有一定构造连接作用，但更趋向于装饰化。斗拱不仅仅传递梁的荷载到柱身，增加建筑屋顶的出檐深度，还是保持木构架整体性的结构层，这一点大大增强了木构建筑的抗震性能。

第四节　屋　顶

中国古代建筑的屋顶对建筑立面起着特别重要的作用，它那远远伸出的屋檐、富有弹性的屋檐曲线、反曲向阳的屋面、微微起翘的屋角使建筑物产生独特而强烈的视觉效果和艺术感染力。中国传统建筑就单体而言，叠掇的台基、玲珑的屋身，终究赶不上显赫的屋顶。中国传统建筑赋予了屋顶深远的寓意。"中国古建筑就是一种屋顶设计的艺术，中国建筑的第五立面是最具魅力的。"这种说法虽然不够严谨，但的确反映出屋顶在三段式的外形中最受重视。即使具体到外观比例上，屋顶占的比重也非常大。

一、屋顶的演化

原始社会的华夏先民在经过了"下者为巢，上者为营窟"的阶段之后，在相当长的一段历史进程中，房屋是无所谓"屋顶"，无所谓"屋身"，也无所谓"台基"的。大约在五六千年以前，从黄河上游仰韶文化时期的原始村落遗址中可以看出房屋的原始风貌，整栋房屋地上的部分就是后世建筑的大屋顶。早期房屋的体型有圆锥形壳体、四棱锥形壳体、三棱锥形壳体，也就是后来被称作"攒尖"顶的屋顶形式。后来，由于正四边形的平面在使用中有较强的适应性，并且在建构上更加简易，建筑的屋顶就由四棱锥体进一步演化，出现了后世所谓的"四阿""两注""四霤"等样式。

"四阿"其实指的是四条垂脊的概念，四阿顶就是庑殿顶，可以理解为四棱锥形壳体的顶部的交点演化为一条直线，也就是正脊，再从正脊两端做四条垂脊，也就是斜脊，斜向四个屋角。所以庑殿顶可以理解为四棱锥形壳体的拉长版。"两注"是指两坡屋面排水的概念，对应后来出现的两坡屋顶，悬山、硬山等。这其实可以理解为四棱锥的顶点向两侧拉伸出与底部宽度相等的直线，演化出水平的正脊，演化出两个"人"字屋面。若是将四棱锥的顶点向四周拉伸演化出小于地面的一个平面，仍保留四条垂脊，那就是"盝顶"的原型。如此类推，歇山屋顶可以看作是庑殿顶或盝顶与两坡屋顶的结合。"四霤"说的是落水的檐口，四面落水的意思，指的是歇山顶。

二、屋顶的作用

中国传统建筑之所以重视屋顶的设计，最直接的原因是屋顶部分是建筑能够合理地取得高大体量的手段。由于木材自身材料的强度问题，想要构成庞大的体量会受到限制，但是单纯地以增加层数来实现高度的增加，又和木建筑的防火要求不符合。建筑想要塑造出庞大的气势便要寻求一个合适的突破点。而屋顶作为建筑最高点，构成了建筑群起伏变化的轮廓线，成为人们观看的视觉焦点。

刘致平教授曾说："屋顶的重要性如同人戴帽子一样，帽子有大礼帽、便帽、军帽、睡帽等，我们的屋顶在早期也是这样。"屋顶标示着某种意义。而在实用性方面，中国的坡屋顶和西方一样，都具有排泄雨水的作用；并且在坡屋顶内部加以天花，便可形成一个空腔，更好地起到隔冷隔热的作用。此外，中国的大屋顶有深远的出檐，能够保护建筑的屋身，一方面可以遮阳，另一方面可以避雨，并且形成了宜人的灰空间。

单层屋顶的类型有限，还可以进一步叠加形成重檐，檐廊部分的空间对应下层重檐的屋顶。檐廊的空间在水平方向非常狭长，空间高度不宜太高。与此相对，建筑的内部空间较大，需要较高的高度相匹配。因为重檐的做法，分别处理成不同的屋顶高度，有一定功能和空间上的意义，不完全出于对华美外形的考虑。当然，多层的楼阁在外观上也会在平坐层下方加一道出檐，这与空间的对应关系就不存在了，但是却对应了楼阁及塔的建筑中暗层的结构处理。暗层下方的斗拱一方面出挑承托着平坐层下方的出檐，一方面和暗层的斜撑一起增加了建筑的整体性。

三、屋顶的类型

1. 庑殿顶

庑殿顶有一条正脊，四条垂脊，前后左右有四个坡屋面，由此又被称为五脊殿或四阿顶，古代只有尊贵的高等级建筑才可用庑殿顶，如宫殿、坛庙的殿堂。庑殿顶在中国历史上出现得很早，殷商的甲骨文、周朝的青铜器、汉朝画像石与明器、北朝石窟中都可见庑殿顶的做法。

2. 歇山顶

歇山顶有一条正脊、四条垂脊和四条戗脊，又称九脊殿。若是加上两侧直立三角形山花下方的博脊，也可算作是十一条脊。歇山式屋顶的正脊比两端山墙之间的距离短，在山花之下是梯形的屋面将正脊两端的屋顶覆盖。

3. 悬山顶

悬山顶又名挑山或出山，有一条正脊，四条垂脊。其特征是各桁或檩直接伸到山墙以外，以支托悬挑于山墙外的屋面。等级上低于庑殿顶和歇山顶，高于硬山顶，只用于民间建筑。和硬山顶相比，悬山顶有利于防雨。因此南方民居多用悬山顶，北方则多用硬山顶。

4. 硬山顶

硬山顶是五脊二坡式屋顶，属于双坡屋顶的一种。它有一条正脊，四条垂脊。建筑的侧面垒砌山墙，多用砖石，高出屋顶，因此屋顶的檩条不外悬出山墙，屋面夹于两边山墙之间。这一点是硬山顶和悬山顶的最大区别。和悬山顶相比，硬山顶有利于防风火。

5. 卷棚顶

卷棚顶又称元宝顶，可以理解为双坡屋顶，但在两坡相交处不做大脊，由瓦垄直接卷过屋面形成弧形曲面，将前后两个坡屋面连成一体。卷棚顶外貌与硬山顶、悬山顶相似，主要区别是无明显正脊，颇具曲线独有的柔美，多用于园林建筑，或者用于宫殿中太监和佣人的边房。

6. 攒尖顶

攒尖顶的运用可追溯到原始社会时期，其主要特征是建筑的屋面在顶部交会为一点，形成尖顶，即宝顶。宋时称"撮尖""斗尖"，清时称"攒尖"。日本称"宝形造"。这种屋顶体型呈锥形，没有正脊，常用于亭、榭、楼阁、塔等建筑，也用于宫殿和坛庙中。这类屋顶没有明确的等级，需要具体分析其功能和做法。

7. 穹隆顶

穹隆原意是指天空，形容中间高、四周下垂的样式，从外观看顶部为半球形或多边形的屋顶就是穹隆顶，穹隆顶也被称为圆顶。

8. 平顶

平顶是指建筑的顶部大致是平的，这种"平"既包括水平，也包括中间顶部略有突出，或是屋顶为一面坡式，但没有单坡顶屋面那么大的坡度。平顶建筑大多位于干旱少雨的地区，如我国西北、西南和华北等地区。

9. 盝顶

盝顶就是像古代战士所戴头盔一样造型的屋顶。盝顶的顶部和脊的上部有明显凸出的弧度，下面接近屋角的部分反向往外翘起。盔顶顶部中心有一个宝顶，像头盔上插缨穗或帽翎的部分，我国著名的岳阳楼就使用的盔顶。

以上介绍的建筑屋顶，前述六种是正式建筑的屋顶类型。单檐建筑屋顶可以通过重檐增加建筑物等级。重檐主要用于高等级的庑殿、歇山和追求高耸效果的攒尖。增加屋顶的高度和层次能够调整屋顶和屋身的比例，进一步塑造出建筑物的雄伟感和庄严感。如果歇山顶、悬山顶和硬山顶采取了卷棚的做法，就会相应地降低等级，比原本的样式低一级，传统建筑主要屋顶类型及其特点如表 3.2 所示，其体型特征如图 3.14 所示。

表 3.2　传统建筑主要屋顶类型及其特点

基本类型	特点（判断依据：屋面数、屋脊）	等级
重檐庑殿顶	八坡，十三脊	一
重檐歇山顶	八坡，十七脊	二
庑殿顶	四坡五脊（一条正脊四条垂脊）	三
歇山顶	四坡＋两个山花，九脊（一条正脊、四条垂脊、四条戗脊）	四
卷棚歇山顶	四坡六脊（正脊消失，前后两条垂脊连成一条）	五
悬山顶	两坡五脊（一条正脊、四条垂脊）	六
卷棚悬山顶	两坡两脊（正脊消失，前后两条垂脊连成一条）	七
硬山顶	与悬山一样，但屋面不伸出山墙外侧	八
卷棚硬山顶	两坡两脊（正脊消失，前后两条垂脊连成一条）	九
攒尖顶	无正脊，数条垂脊交合在顶部，再覆以宝顶	无法确定等级

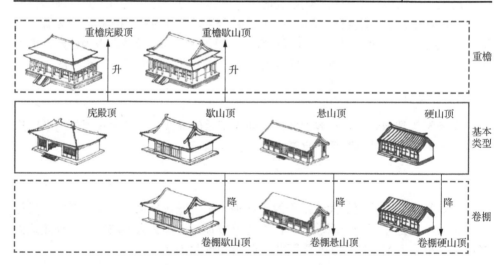

图 3.14　传统建筑主要屋顶体型特征

四、屋顶的组合

1. 集合

对于较为复杂的建筑布局，将不同类型的屋顶形式集合在一起，分段对应建筑的内部功能，会产生丰富的视觉效果，建筑的体型、轮廓线也更加富于变化。典型的代表如北京故宫的午门，屋顶由重檐庑殿顶、攒尖顶、悬山顶组合而成，主从分明、高低错落，如图 3.15 所示。

图 3.15　故宫午门

2. 重檐

重檐由屋顶重叠下檐而形成。这种做法能够调节屋顶和屋身的比例，增加屋顶的高度和层次，增强建筑的雄伟感和庄严感。重檐做法主要用于庑殿顶、歇山顶和攒尖顶。典型的代表如天坛祈年殿，如图 3.16 所示。

3. 勾连搭

勾连搭是两栋或多栋房屋的屋顶沿着进深方向前后相连，在连接处做一条水平天沟向两侧排水的做法。如图 3.17 所示，这种做法的目的是在木构建筑单体规模有限的前提下，扩大建筑的内部空间，常见于宅第、寺庙、园林的建筑中。

图 3.16　天坛祈年殿　　　　　　　　图 3.17　四合院垂花门

4. 交叉

基本的建筑类型可以进行水平上的十字交叉，形成十字脊，建筑在四个面都会产生相同的效果，也就没有所谓的正立面和山墙之分了。故宫角楼的上半部分就是歇山顶十字相交的典型代表，其屋顶组合的关系如图3.18（a）所示。这种体量处理方式能够形成丰富的建筑体型。

5. 抱厦

抱厦是指一个体量较小的建筑插入较大的建筑中，屋顶相交在一起。原建筑的前后或者左右接建出来小房子，在宋代这种建筑物叫龟头屋，清代叫抱厦，故宫角楼的屋顶下半部分的层次运用的正是抱厦的做法，如图3.18（b）所示。

（a）歇山顶　十字交叉

（b）重檐歇山顶　抱厦

图3.18　北京故宫角楼屋顶组合分析

五、屋顶的构造

1. 推山

推山是指庑殿顶特有的处理手法，屋顶的正脊向两端推出，使四条垂脊由45°的斜直线变为柔和的曲线，屋顶正面和山面的坡度与步架距离都不一致，这种做法在清代成为定规。

2. 收山

收山是指歇山顶的建筑屋顶两侧山花自山面檐柱中线向内收进的做法。宋代收进一个攒档（斗拱间距）的距离，清代收进一个檩径的距离。目的是使屋顶不过于庞大，但引起了结构上的变化。踩步金的出现就是出于收山的做法，因此出现的结构构件还有顺梁、扒梁。

3. 悬山

悬山是指建筑屋檐两端悬伸在山墙外，两山墙的檩头向山柱外伸出 5～8 檩径，或者 1/3 檐柱高。挑出的部分称为出梢。为了防风雪，将木条钉在檩条顶端，起到遮挡、保护檩头的作用，这就是博风板。在宫殿、寺庙等重要建筑中，博风板较宽大，且有美观装饰作用。板下正中做悬鱼，两旁做惹草或者云状装饰物。

六、屋顶的装饰

1. 剪边

剪边通过铺设不同颜色的瓦而产生丰富屋面色彩的效果。在我国传统建筑中有一部分建筑，其屋面接近檐口处，有一条与上面大部分屋面不一样的色彩，这种色带就称作剪边。

2. 正脊和鸱尾

正脊也称大脊，在我国古代一些等级较高的建筑中，正脊上往往有各色装饰。常见的如正脊中心的宝顶，正脊前后两个立面还会雕饰花、草或龙等题材。鸱尾是指正脊两端的兽形装饰，两者相向口吞正脊。鸱尾又称作正吻或吞脊兽，在东晋时就已出现，后历代沿用。唐朝开始广泛使用"鸱吻"二字，更贴近其形状多作张口吞脊的样式，所以又叫吞脊兽。从元末到明清时期鸱吻的形象逐渐从兽头演变为龙头，"龙吻"的称呼随之出现[1]。

3. 垂脊、戗脊和垂兽、戗兽

庑殿、悬山和硬山除了正脊之外的屋脊都叫垂脊。歇山垂脊的下方从博风板尾处开始至套兽间的脊叫戗脊，和垂脊成 45°，支撑垂脊。垂脊端部有垂兽，在戗脊端部有戗兽。

4. 套兽

在建筑屋檐的下檐端，有一个突出的兽头形陶制装饰构件，套在角梁套预留的兽榫上，既防止了仔角梁的梁头被雨水侵蚀，又美化了檐角，这个兽头就被称为套兽。

5. 宝顶

宝顶主要应用在攒尖顶，几个坡屋面汇集到顶部，"攒"在一起，再覆以宝顶。宝顶偶尔也可以用于正脊的中央部位。宝顶的造型大多呈现出在须弥座上加宝珠

---

① 许慧. 中国古建筑屋顶脊饰研究[D]. 郑州：河南大学，2009.

的形式，偶尔也可做成宝塔形、炼丹炉形、鼎形等。

七、现代大屋顶建筑刍议

中国传统的木构建筑，从其外观来看最令人瞩目的就是大坡屋顶。从中国近现代的建筑实践来看，大屋顶深刻影响了建筑学对中国特色建筑创作的探索。没有其他部分或符号比大屋顶更能唤起人们对于民族形式的记忆和想象。如图 3.19 所示，北京西站就在顶部加上了中国古代的大屋顶。大屋顶建筑曾在 1953~1954 年间流行，紧接着在 1955 年初开始的"反浪费运动"中受到抵制。大屋顶的盛行与当时的经济状况、中国建筑师尚处于早期的探索阶段有关。梁思成先生认为提倡民族形式的建筑风格是没有错的，这一点他始终认定。只是建筑师在贯彻这一思想时设计的建筑不尽如人意。追求统一、整体的民族形式也受到了诸多质疑，传统建筑不是永恒完美的价值载体，传统不能被一味地追捧和仰视。从当今来看，大屋顶并非一无是处，虽然从一定角度分析它确实浪费了建材，却不失美观，并且反映出民族的特色，至少比一味地模仿欧美传统的建筑样式要有价值。

图 3.19　北京西站建筑外观

20 世纪 80 年代的中国建筑实践仍有很多坡屋顶做法，最值得一提的是冯纪忠设计的方塔园，其东大门采取了将坡屋面分解为两个单坡顶的做法，通过屋顶的解构使大屋顶的象征意义解体，具有一种批判性的态度，如图 3.20 所示。冯纪忠几年后完成了他的最后一件作品——何陋轩，如图 3.21 所示。何陋轩大屋顶的形式能否提供足够新颖的感受，因人而异。这个屋顶看起来像歇山顶，但实际上并不是。屋顶结构可以分解为三部分和一个人字坡的主屋架以及两侧的附翼。附翼既扩大了空间，又增加了结构稳定性。在冯纪忠的作品中，看似复杂的整体其实都是由简单的单元组合而成。何陋轩的地坪由三个相似的矩形组成，而墙体是各自独立的弧墙。屋顶结构同样可以分解组合，这与东大门的处理方式一脉相承，东大门由两片脱开的斜屋面构成①。王澍曾公开声明自己传承了冯纪忠的建筑思

---

① 徐文力. 回归原始棚屋——何陋轩原型略考[J]. 建筑学报，2018（5）：116-120.

想，并为何陋轩做过一次文献展。冯纪忠先生一直以提倡现代主义空间研究影响中国建筑界，但方塔园着力的不止空间。在空间之前，是旷远之意的自觉选择，而对旷远空间的着力，则颠覆了明清园林的繁复意涵[①]。

图 3.20　方塔园东大门

图 3.21　冯纪忠作品——何陋轩

冯纪忠的设计是"与古为新"，将历史作为建筑设计创新的资源。大屋顶在中国几代建筑师的设计中不断被重新诠释。简单进行仿造，并不是对历史的尊重。传统文化的再生需要通过当代的匠心独运赋予其新的活力。

拓展阅读书目

1. 王其钧. 古建筑日读[M]. 北京：中华书局，2017.
2. 刘捷. 台基[M]. 北京：中国建筑工业出版社，2010.
3. 魏克晶. 中国大屋顶[M]. 北京：清华大学出版社，2018.
4. 冯纪忠. 与古为新——方塔园规划[M]. 北京：东方出版社，2010.
5. 赵冰，冯叶，刘小虎. 与古为新之路——冯纪忠作品研究[M]. 北京：中国建筑工业出版社，2015.

---

① 王澍. 回想方塔园[J]. 世界建筑导报，2008（3）：57.

第四章　中国建筑与中国文化

研究传统建筑，只有结合当时的社会文化背景，才可能探明其真义。唐代的《艺文类聚》是反映当时社会分类体系的综合性类书，相当于现在的百科全书，全书未提及与建筑相关的内容。由此可见，中国古代的建筑在这一社会分类体系中并没有被重视。中国古代也没有真正的建筑师。中国建筑在中国文化中的位置不过是一个隶属的地位。李允鉌先生在《华夏意匠》一书中提到："严格地说，20世纪以前，中国还没有产生完全和现代的建筑师、结构工程师等性质相同的专业人员。明显的事实就是，进入现代社会之前，还没有出现与建筑师、结构工程师完全相等的名称。"[①]

第一节　工官制度

社会分工是社会生产力发展、科学技术进步的结果，反过来又促进了生产力和科学技术的提高。手工业与农业的分离如此，建筑业独立于手工业也是如此。这是社会不断前进所遵循的基本规律。古代的工官制度，就是在这样的背景下产生并发展的。工官制度是我国古代为王室、宫廷、官府服务的官营土木营造事务的制度。这一制度自奴隶社会产生，后被历朝历代传承沿袭，一直延续到了封建社会的晚期。

一、匠人、工官与建筑师的概念辨析

1. 匠人

匠人是中国传统建筑建造活动的直接执行者。根据《说文解字》中的解释，匠就是木工的意思。《考工记》把木工分为七类：轮、舆、弓、庐、匠、车、梓。轮是制造车轮的，舆是制造车厢的，弓是制造弓箭的，庐是制造兵器的，匠是制造宫室、城郭、沟渠的，车是制造农具的，梓是制造乐器、饮器、箭靶的。显而易见，匠（木工）虽然是一种职业分类，但却没有明确建筑的类别。工官制度中的"匠人"，在历史上也在不断被分解，有的晋升为官，有的坐上工程主持人的位置，更多的则是一般的具体实施操作的工匠。

---

① 李允鉌. 华夏意匠[M]. 天津：天津大学出版社，2005：411.

2. 工官

这是管理官府手工业的官署，汉承秦制，在中央及有些郡县设置工官，诸侯王国也有工官。工官集制订法令法规、规划设计、征集工匠、采办材料、组织施工于一身，实行一揽子领导与管理。以前的工官要掌管的事情非常多，相当于扮演了住房和城乡建设部、国家发展和改革委员会发展战略和规划司、甲方、监理、包工头等一系列角色，体现的是一种管制的权利。以北宋著名的工官李诫（1035～1110 年）为例，他长期任职将作监，由主簿做起，提升至丞，再升至少监及监，毕生 16 次提升，多是由于工程政绩。工官所对应的各种称谓，如司空、将作、将作少府、将作大匠、将作监等，显然不是一种职业分类，而是一种职务分类。

3. 建筑师

建筑师是以建筑设计为主要职业的人。除去历朝历代的工官，中国古代建筑设计者流传下来的名字并不多。截然不同于文学、绘画等创作门类有说不完、道不尽的艺术家们。历史上除了少数非常著名的建筑设计者被记入史册，大多数设计者的名字鲜为人知，也没有任何详细的记载。这充分说明了古代建筑师同样是不被重视的。

二、工官制度与营造规范

1. 工官制度

工官制度指的是由工官掌管城市建设和建筑营造并组织实施的体制，是中国古代中央集权和官本位体制的产物。工官制度是国家机构的一个组成部分，在历代国家机构的组织中都占有重要地位，为推动中国建筑技术的发展起到一定作用。这套等级体制对城市和建筑都做出明确的等级限制，以反映出人与人之间的等级差异。这种强有力的控制利于城市和建筑在当时的社会背景下和谐有序且长期稳定地发展。历史上一些规模大、用工多、技术复杂的建筑工程能在短短的几年、十几年的时间内完成，也正是采用工官制度的结果。

经历了历史上一些因统治者进行过度建设而引发动乱，甚至导致改朝换代的重大事件后，统治者也逐渐吸取教训，开始利用等级制度对宫室、中央官署、地方各级城市官署的建筑规模、质量进行一定的控制，防止因宫室和行政机构进行超越经济承受能力的过度建设，进而引发经济、政治危机。对于各级贵族和官吏的住宅也定有明确的级差限制，防止其过度扩张，侵犯广大老百姓的利益，引发社会动乱①。工官制度在一定程度上对统治阶级起到了约束作用，避免社会矛盾激化，威胁政权稳定。

从另一个角度讲，工官制度在我国延续了几千年，又束缚了广大劳动人民特别是匠人们的思维，使得我国古代建筑，特别是主流官式建筑的总体风貌较为单一。秦汉以后中央集权制确定，虽然中国历史上朝代不断更替，但两千多年间基本社会体制未发生明显变化。工官制度毫无疑问地在维护皇权的至高地位，将等级差异的做法彻底贯彻到建筑的营建活动中。等级制度的限制造成建筑体系发展的相对停滞，限制了合理的技术创新。无论是城市规划、建筑群布局，还是建筑的形式、结构和构造，都与礼制紧密结合形成定制，无法逾越或突破。

2. 营造规范

作为官方颁布的古典建筑书籍，首推宋代李诫所著的《营造法式》和清代工部编著的《工程做法》，这两部经典各自形成了比较严密的理论体系，记载内容丰富，以绝对的优势在历史上占有显赫地位。同时也充分说明，最晚到宋代，国家已制定较完整的建筑标准规范来控制官方和皇家的工程。

在北宋中晚期，建筑行业腐败严重。例如，负责修缮京师房屋的官员多估工料、虚报瞒报，不仅在施工中偷工减料、监守自盗，还要谎报结余，邀功请赏。工程质量无法保证，房屋的安全性和坚固性堪忧。正是在这样的社会背景下，促成了《营造法式》的颁布。所以《营造法式》的针对性很强，为了避免建筑工程建造中虚报冒估、偷工减料等一系列侵吞国家财产的行为，而采取一套行之有效的方法控制预算。

清代也同样是为了加强建筑行业的管理，以雍正十二年（1734 年）工部编定并刊行的《工程做法》作为控制预算、做法、工料的资料依据。清政府还组织编写了各种具体工程的做法则例、做法册、物料价值等书籍作为辅助资料。《工程做法》由前部"做法"及后部"估算"组成，"做法"又可分为"大木""斗科""装修""基础"。"大木"再细分，就是我们所说的"大式"和"小式"。政府工程管理部门特别设立了样式房及销算房、主管工程设计与核销经费，对提高管理质量起了很大作用。清代著名的工师很多出自此，如样式房的雷发达家族及销算房的刘廷瓒等。

三、官式建筑与民间建筑

官式建筑从设计、预算到施工，全部由工官统一掌握。建筑无论是在何地建造，都会受到法式和条例的约束，所以总体上样式很统一，可以说没有地域的差

---

① 傅熹年，钟晓青. 中国古代建筑工程管理和建筑等级制度研究[J]. 建设科技，2014（Z1）：26-28.

异。官式建筑在建造过程中，往往人力、财力、技术都相对集中，能够反映出当时全国范围最高的技术水平。而民间建筑主要是由各个地方的工匠自行设计并组织施工，基本上选择因地制宜的布局、样式和材料，不同的地域之间有明显差异，地方特色鲜明。由此，官式建筑的时间差异大于空间差异，而民间建筑的空间差异大于时间差异，中国传统建筑存在的两种发展模式，基本上都在沿着自己既定的轨迹前行，共同构成了我国丰富多彩的传统建筑风貌。

1. 官式建筑

官式建筑的叫法显然就是相对民间建筑而言的，也被称为宫殿式建筑，是帝王宫殿、官府衙署、佛寺道观常采用的建造方式。历史上大多数帝王登基后都会大兴土木，营造宫殿建筑群，以显示他们对国家的统治具有至高无上的权威以及长治久安的实力。这样，宫殿建筑便成了某个时代建筑营造水平的最高典范。官式建筑在外观上呈现出一种崇高、雄伟、超凡脱俗的气势。建筑群往往会有超大规模的占地、相对高耸的体量、气势磅礴的建筑空间、等级森严的礼制秩序以体现神圣不可侵犯的皇权。与同时期的民居相比，各类官式建筑要显得气派很多。官式建筑总体布局基本都是按照礼制规范来控制，具有等级森严和阴阳有序的空间关系。官式建筑布局一般都是按中轴线左右对称布置、院落层层相叠，井然有序、气氛严肃，同时非常讲究群体组合。中国传统的官式建筑基本上全部采用木构建筑，由于木材长度、粗细的限制和易燃等缺陷，建筑体量不可能建造得很大。因此，只能利用巨大的台基作构图以增加建筑的高度和气势，借助于建筑群体的多重有机组合，层层铺陈，以形成巨大的体量。总体来说，官式建筑即便是在不同的地区也很难呈现出较大的差异，时间差异大于地理差异。

2. 民间建筑

我国是一个疆域辽阔的国家，正如其物种的丰富多样，分布在全国各地的民间建筑也各具特色。北京的四合院、山西的窑洞、徽州民居、江苏天井式住宅、福建土楼、云南"一颗印"、蒙古包、藏式碉楼等，可谓是形态各异，面貌丰富。各地民居形态所受的影响是多重的，包括地理条件、自然条件、建造技术条件、思想观念等。民间建筑与官式建筑最大的差别在于形式的产生。民间建筑的空间组织与地理因素密不可分，自然气候条件在很大程度上决定了建筑的布局和特征，同时还会受到本土大众文化或乡绅文化的影响，而官式建筑则完全是由统治阶层的文化所支配。相比于北京四合院，徽州建筑的天井窄小，挑檐也较远，这种建筑特征与当地的降水丰沛有直接关系。维吾尔族民居大都以阿以旺（明亮的处所）作为建筑中心，并将这个空间的屋面抬高，侧面加天窗，一方面满足采光需要，一方面可以利用热压原理促进自然通风。现在再去审视民居中的地域性做法，其实就是适宜性强、成本低的绿色建筑技术。福建土楼的空间塑造更多受到了客家文化影响，这种内向型格局在当时的生存环境中有其必要性。

　　著名建筑师王澍曾经在访谈中对梁思成先生的建筑思想提出不同意见："梁思成采用西方建筑史是当时比较主流的方法——以帝王将相为核心的建筑史，事实上西方建筑史的做法也不完全是那样。这就使中国的民间建筑完全不在他所讨论的建筑史范围内。"历史作为记载和解释一系列人类活动进程和事件的一门学问，其撰写的方式大多数是以时间为主要线索，而民间建筑在时间上的差异并没有在地理上的差异体现得那么大，很难被整合到历史中进行系统的梳理。因此，梁思成先生研究中国建筑史以官式建筑为核心也有其缘由和苦衷。但是梁思成的研究并没有弃传统民居而不顾，《华北古建调查报告》《晋汾古建筑预查纪略》中都有对民居的考察记录。

　　随着科技发展，建造建（构）筑物能够跨地区获取材料，突破了过去的空间地理限制，但所带来的却是千篇一律、没有个性的建筑样式，传统民居中所具有的丰富性逐渐丧失。我国的建筑界近几年在大力提倡回归本土化，实际上就是根据建筑所处的自然环境和人文环境来进行适宜性的设计建造，这也正是中国传统民居中蕴含的智慧。

第二节　营造活动中的观念形态

　　人在建筑设计的过程必定受到设计者所处社会文化意识形态的制约。在漫长的封建社会中，一些相对稳定的观念形态影响了建筑设计的过程，甚至直接决定了建筑营造的结果。

一、天人合一

　　天人合一不仅仅是一种思想，还是一种生存状态。中国人最基本的思维方式，就表现在天与人的关系上。天人合一的观念在诸多影响建筑发展的观念中可谓是根本性的。天起源于古人对于苍茫太空的敬畏与无知，后来发展为人们思想意识中有意识、有思想的宇宙主宰。人们常说"天命难违""天道酬勤""天作之合""天意如此"，这些说法都体现了天与人的关系紧密相连，不可分割，强调天道与人道的统一。

中国古代的帝王尤其重视祭天建筑的营造和祭天典礼的举行，营造祭坛就成为创造人与天对话场所的典型做法。从远古的祭坛到无法考证的明堂，都是中国建筑体系中最具有象征意义的神圣核心。除了大力创造人与天对话的场所，古人在建筑的营建上、建筑群的布局上、城市的规划上，都在尽力呈现"天-地-人"的一一对应关系和内在寓意。人们将天象、神兽、方位、地理、五行、颜色、人事统筹整合在一起，力图体现对天人合一的追求，如图4.1所示。

图 4.1　天象、神兽、方位、地理、五行、颜色、人事的对应关系

二、物我一体

人源于自然，是自然界的客观存在物。人类产生后为了生存需要不断地与自然进行物质变换，不断地改造自然，以获取自己生存的必要条件。人产生于自然界，又不断改造自然界，这就是人与自然界唯物辩证的关系。

西方建筑的布局中，建筑与环境之间是一种风马牛不相及的关系，而中国的建筑布局则是将自然尽可能地引入到建筑中。在欧洲的文明中，自然作为人类的对立面而出现，人对自然表现出控制和经营的姿态。中国文化则将自然看作是人类自身和周围最直接的物质。也就是将自然看作包含人类自身物我一体的概念。人类是从属于物质世界体系的，和山水花草一样处于同一层次和地位。这种思想为人与自然和谐共生提供了思想基础。

计成所著的《园冶》一书中最为精华的部分为"虽由人作，宛自天开""巧于因借，精在体宜"。这种造园的意境体现了中国对人工环境的追求，是崇尚与已有自然环境相融合的。而欧洲的园林中，整齐划一的排布、几何理性的构图，更多地显露出刻意为之的人工痕迹，也就是在显示人对自然的主导作用，人工控制、管理和经营的效果。在中国，建筑也是经过设计营建的，树木也是经过修整裁剪的，却不露痕迹、不动声色地符合原来的事物所具有的特征和规律，这与中国人中庸、内省的性格也高度吻合。

物我一体的观念也常常被引用来比喻艺术创作，"师法造化而抒己之情，物我一体，学先人为我所用，不断创新"。对于写意花鸟画家，善于描绘花鸟世界的丰富多彩和活泼生气只是较浅层面的问题，精于表现画家的心灵感受和动人想象才是更深层面的含义。前者是物，后者是我，自然界的事物和作者的心境也是合为一体的。

第三节　中国传统建筑的空间观念

一、中心

西周时期，人们将所认知的空间由中央到四周划分为五个层次：中央为王服，为天子所居之地，由此向外，逐层为霸服、野服、蛮服、荒服，如图 4.2 所示。周人认为，远离周天子教化的边缘地带就是蛮荒之地，其地位自然是低下的。《吕氏春秋》将中心思想又进一步应用于帝王、国家、社稷，提出帝王的位置应该位于天下正中，帝王的住所（宫殿）应该位于都城正中，帝王的宗祠应该位于皇宫正中。这与《管子》"天子中而处"的理念相一致，坚持皇权至上，弘扬礼法。

从中国的历史进程来看，中心思想、中正意识已经深入人心，是中国文化最显著的特征之一。人们常说的中式建筑，也包含中心、中

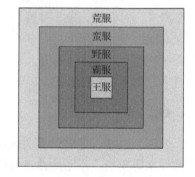

图 4.2　西周时期对空间的认知与划分

正、对称等空间概念。中心就是核心；中正就是不偏不倚、中心明显；对称就是左右一致，衬托中心。中心的观念从思想映射到建筑中确定建筑的朝向和轴线。

二、方位

方位对于建筑来说，最寻常的意义就是意味着良好的采光和通风。中国处于北半球中纬度和低纬度地区，房屋坐北朝南的布置可以在冬季背风朝阳，在夏季迎风纳凉，所以中国的房屋基本都坚持以南向为主。中国有句古话："向阳门第春先到。"正房面朝南，光线明亮，阳光可以从上午九时到下午四时照射入室，居住在房屋之中舒服温暖。若建造西向的房屋，则西晒，房里酷热难当。若盖南房，南房即房屋面北，北京人称这种房屋为"倒座"，常年不见太阳，等于居住在阴山背后，所以人们不愿意住这种房子。方位对于建筑而言之所以提升到如此重要的地位，很大程度上还出于礼制上的需求。

在建筑布局中强调方位，能够创造出空间的秩序感。前面提到的"居中为尊"就是典型的方位和地位相对应的思想，而四个方向中一般又以北尊南卑、东尊西卑为秩序。坐北面南意味着皇位官爵与权力的象征和尊严，"天子当阳而立，向明

而治。"宫殿等皇家礼制建筑均坐北朝南取子午线方向。故宫南面的正门称作午门，北面的门称作神武门，"午"取子午线意，神武即玄武，象征北方，建筑的命名与方位密不可分。中国的礼制制度对住宅建筑影响很大，都是要求以向南的方位为原则。城市布局的方位，不仅用以体现礼制精神，也被用来表现"象天法地"的规划思想，例如，隋唐长安城之太极宫居北辰之位，而明清北京城之紫禁城则居紫微之位等，从而使礼法制度与宇宙意识共同统一于城市布局的方位之中[①]。

三、轴线

坐北朝南的方位自然形成了南北轴线。从古建筑群体中轴线布局艺术形态来看，古建筑群体中轴线主要是在传统文化的背景下产生的。封建社会的宫殿和地方衙署建筑群的格局和规制是一致的。从微观上说，地方衙署建筑群是一个微缩了的皇宫建筑群，从宏观上看，皇宫是一个放大了上百倍的衙署建筑群。宫殿主体建筑沿中轴线依次配置，依据"百尺为形，千尺为势"的形势法则，"百尺"和"千尺"实质上成为外部空间中轴线的基本模数。利用基本模数为坐标的法则，来权衡各单体建筑间和组群建筑之间的尺度关系，创造出具有"形"和"势"的空间环境。"形"和"势"可诠释为古建筑群体布局中所指的远景和近景，建筑体量之大小，单体与群体，局部与总体，细部与轮廓的基本概念。例如，北京紫禁城的古建筑群体总体布局和河南省内乡县衙的古建筑群体总体布局，其中轴线的主体建筑是基本一致的。

北京紫禁城建筑群坐北朝南，沿南北中轴线布局的主体建筑有大清门、天安门、端门、午门、太和门、太和殿、乾清门、乾清宫、御花园、神武门、寿皇殿等。在天安门和大清门之间的御街千步廊，东西各有三座大衙门，东边三座就是吏、户、礼三部；西边三座就是兵、刑、工三部，和县衙大堂东西两侧的房子是相同的。太和殿就是县衙的"大堂"，中和殿就是"二堂"，保和殿就是"三堂"。就格局和规制来说，县衙古建筑群体和皇宫古建筑群体是一致的。内乡县衙古建筑群坐北朝南，沿南北中轴线布局的主体建筑有照壁、大门、仪门、戒石坊、大堂、二堂、三堂等建筑物。县衙古建筑群体中轴线左右有三房，东列吏、户、礼，主文；西列兵、刑、工，主武。然后再分先后，吏、兵二房为前行；户、刑二房为中行；礼、工二房为后行。大堂、二堂为主管官行使权利的治事之堂，二堂之后则为内室，是主管官办公起居及家人居住之处。省、府、州衙和县衙的古建筑群格局、规制是一致的，只是建筑规模大小、房屋的名称不同而已。

中轴线上各进院可以借助主体建筑的造型不同，院落空间的大小、明暗、开合不同以及附属建筑的陪衬作用不同，从而取得建筑艺术上的变化。规模较大的

---

① 符英，段德罡. 方位与中国传统建筑[J]. 华中建筑，2000（4）：128-129.

建筑还可以并列有若干次要轴线，配合主轴线控制起超大规模的占地。每进院可以根据地形高低建在不同的标高上，虽然平面布置是规整的，但实际的建筑空间可以是丰富多变的。因此，每组建筑群都可以形成自己的特色和建筑风格。

四、平面

中国传统建筑不论其群体构成、单体形态，还是构图审美都有平面化倾向的特征，中国传统建筑可以抽象为一种扁平化的空间层次。中国传统美学对平面构图情有独钟，并且具有层叠特征的空间特质，这与西方建筑的体量造型具有显著差异。如同中国画的画面特征一样，中国式空间也蕴含了相似的空间逻辑规律。

中国历史上也不是未曾有过向高空发展的趋势，但是最终主流的木构体系向高空发展的潮流还是停滞并走向衰落。依照程序组织起的散点透视营造出流动空间的行进感，这是中国式长卷画艺术创作的主要特征。以张择端绘制的《清明上河图》为例，观赏者的视线沿着画面在水平方向移动，视角沿着不同的透视角度观察各异的场景，从城外到城内，从山水到建筑再到人物，这就是中国式的流动透视。中国的建筑组织显然也具有这种特征，建筑以院落式的组合方式在水平面上延展、扩张，人们对于建筑的欣赏不是一瞥就能看到全部，建筑的外形并不高大、丰富，甚至可以用单调、简洁来形容。但是建筑的精华却在于内部空间的串联组织，观赏者必须要进入其中，跨入一进一进大门，走入一个一个院落，穿越一重一重层次，站在不同的视点来观赏建筑，才能获取建筑的全貌，体验建筑流动、丰富的空间内容。

中国传统建筑立面的意义也远大于形体的意义。中国传统建筑的等级体现在各种符号化、定型化的做法上，比如屋顶的式样、开间的多少、台基的高矮、色彩的运用，这些内容的展示均是通过立面来进行表述的；并且建筑的立面成为围合院落空间的要素而存在，建筑并不以展示自己的体量特征为目的，建筑的立面就是院落空间的界面。因此，建筑作为构成要素在包裹空间时，其体量也是被抽象为一个平面化的层次。

五、等级

中国传统建筑的等级制度，如同舆服制度讲究衣冠而治一样，是历代统治阶层试图创设理想社会、政治、伦理秩序的物质体现。中国古代各种建筑的内容、形制和标准都是由"礼"这一基本规范衍生出来的。所谓"礼"强调的就是差异，君臣有别、父子有别、男女有别。伦理道德规范在建筑上转化为一系列等级符号，进而形成体系，标志着主人的家族地位[①]。在前面第三章，我们梳理了中国传统建

---

① 井良音，张永超，王学勇. 红楼梦视角下的中国古代建筑等级观念[J]. 建筑与文化，2017（10）：56-57.

筑的三段式构图，从台基、屋身、屋顶三个部分的样式、构成、细节，事事处处反映出等级的观念。

台基在物质层面的作用是承托建筑物，保护主体建筑结构，使其防潮防腐。同时它还反映出统治阶级高踞老百姓之上、统治人民的思想意识，历史上一度兴起的高台建筑就满足了封建统治阶级的心理诉求，并且满足其在空中楼阁"仙居"的要求。屋身作为中国传统建筑的主体，其规模是体现等级的重要尺度。间数越多，面宽越大，架数越多，房屋越深，房屋主人的社会地位就越高。屋顶是传统建筑中最具特色的部分，屋顶样式本身就是区分等级的显著标志。可以说，中国传统建筑的各个部分在具有实用功能的同时还具有昭示主人社会地位的象征功能。

封建社会甚至把建筑物细部的装饰都纳入等级的限定，以至于外人只要看一眼建筑装饰，不用窥到建筑的全貌，就可以准确地判断这家主人的门第品级。例如，元代，石狮子从官府衙门扩展到了官宦人家。宅邸门口立有威严的石狮子，主人至少是五品的官员。要想进一步认定主人的官品，可以通过狮子头上的卷发排数得知，皇帝狮子的卷发有十三排，亲王的有十二排，其他官员依次递减。除此之外，宫殿、衙署和富豪之家大门的铺首衔环也分为四个等级，包括门钉的多寡也同样象征着身份的不同。一切的规定都充分体现了封建社会皇权的至高无上。

在上述中国传统建筑的空间观念中，等级的观念是最核心，也是最根本的。中心、轴线、方位这些观念归根结底是为了体现出等级的差异。从传统建筑的结构、用材到建筑内部的装饰、装修，都蕴含着封建等级关系的理念。

拓展阅读书目

1. 柳肃. 营建的文明——中国传统文化与传统建筑[M]. 北京：清华大学出版社，2014.

2. 王南. 规矩方圆 天地之和——中国古代都城、建筑群与单体建筑之构图比例研究[M]. 北京：中国城市出版社，2019.

3. 朱法元，夏汉宁. 中国文化 ABC——山水与建筑[M]. 南宁：江西人民出版社，2018.

4. 李诫. 中国古建筑典籍解读——《营造法式》注释与解读[M]. 吴吉明，译注. 北京：化学工业出版社，2018.

5. 清朝工部颁布. 中国古建筑典籍解读——清工部《工程做法则例》注释与解读[M]. 吴吉明，译注. 北京：化学工业出版社，2018.

6. 陈从周. 陈从周说古建筑[M]. 北京：社会科学文献出版社，2018.

7. 刘保贞.《周易》与中国建筑[M]. 上海：生活·读书·新知三联书店，2018.

第二篇　中国传统建筑的发展演变

第五章 发 展 综 述

第一节 中国传统建筑的历史发展阶段

我国传统建筑的发展主要经历了原始社会、奴隶社会和封建社会三个历史阶段，其中原始社会是中国传统建筑漫长的孕育阶段，奴隶社会是中国传统建筑重要的发展阶段，它们共同构成了多元化的起源时期，我国传统建筑定型主要是在封建社会。中国传统建筑经历了长期的发展和进化，逐渐形成一种独特、成熟的体系。不论是在城市规划、建筑组合，还是在空间处理、材料结构等方面都有极其卓越的创造与贡献。

自从人类出现，原始社会也就产生了。原始社会是人类历史发展的第一个阶段。原始社会结构以亲族关系为基础，人口少，经济生活采取平均分配办法[1]。靠传统和家长来维系社会的控制，而非法律或政府权力。原始社会中没有专职领袖，主要依靠年龄与性别来确定一个人的社会地位。原始社会的生产力水平很低，生产资料都是公有制的。这种社会组织结构非常准确地反映到建筑的布局中。聚落的空间组织形态所呈现出的就是平等无差异的社会等级秩序。生产力水平的提高导致剩余产品的出现，也就随之出现了贫富分化，私有制产生。建筑在空间组织上也出现了双室相连的套间，迎合了以家庭为单位的生活方式，并且氏族部落的储藏空间也由室外迁至室内，反映了私有制对建筑功能的影响。

原始共同分配、共同劳动的生产关系被破坏，而逐渐被奴隶社会剥削与被剥削的关系所代替。随着金属工具出现，生产进一步发展，劳动生产率有较大提高，社会产品开始出现剩余[2]。剩余产品的出现，一方面促进了生产的发展，另一方面也为私有制的产生准备了条件。奴隶视为奴隶主的财产，可以自由买卖，无报酬和人身自由。奴隶社会在多元发展的前提下开启了文化认同的过程，象形汉字反映出中国思维具体感性的传统。礼成为依赖并维护社会的等级与差别的行为和规范。《礼记·坊记》中指出："夫礼者，所以章疑别微，以为民坊者也。故贵贱有等，衣服有别，朝廷有位，则民有所让。"可见周代礼制中已经确立了血缘与等级之间的同一秩序，由这种同一的秩序进一步来建立社会的秩序。这种礼制映射到建筑上，建筑出现明显的差异化做法。

---

① 胡磊. 中国特色和谐劳动关系构建研究[J]. 中国劳动, 2016（14）：28-34.

② 孙景民. 马克思主义视域下人类社会核心价值体系探究[J]. 人民论坛, 2013（32）：196-198.

　　封建社会中土地所有制是地主阶级统治其他阶级的根本所在。地主阶级通过掌控土地剥削农民，社会的主要矛盾是地主阶级与农民阶级之间的矛盾。封建社会经济主要是以家庭为生产单位，农业与手工业结合，具有自我封闭性和相对独立性，是一种自给自足的经济结构。由于封建社会存在明显的阶级制度，思想观念都围绕皇权至上展开，最具代表性的就是儒家思想。在这一漫长的历史时期，建筑彻底沦为封建社会制度的附庸，虽然在历史的进程中仍旧不断向前发展，但却受到了极大的束缚而难以从根本上进行革新。

第二节　传统建筑的兴盛与危机

　　在本书前面的章节中，我们已经分析了中国主流的传统木构建筑自身的优势和内在的缺陷。木构建筑之所以能够在中国古代长期作为一种主流类型被加以使用，除却自身的优越性，还与外部的社会环境达到了高度的契合。而木构建筑最终在中国的历史发展中被淘汰和取代，也不仅仅因为其自身的局限性，其发展还受到了社会外部环境的束缚和阻碍。

一、与外部环境的契合

1. 环境观念

　　我们前面有过分析，西方的建筑史是一部石头的历史，而中国古代主流的结构是木构架。西方并不是没有木构建筑，但经过了时间和战火的洗礼，能够比较完好地遗留下来的多为石构的宗教建筑。同样的道理，中国的建筑也用石头，但确是用在墓葬中，或者是墓阙、陵墓大门的标志，或者是墓表，歌颂死者生前的功绩，总之是用在跟死人有关的构筑物中。后来石材用来建佛塔、造桥梁，最多用在房屋的台基上，但是很少有用在房屋的主体部分的。木为阳、石为阴，这符合阴阳有序的观念。木代表了生命，不变的石却象征着死亡。中国人用木来建房子，用石来修坟墓。木给人以温暖亲近的感觉，中国人现在虽然大多住在钢筋混凝土建筑中，但仍然喜欢做一些木装修。木是生长的，活的，属变。而石头是静止不变的，也就是死的。欧洲的神权大过君权，宗教建筑是为神而建的，必须要永垂不朽，所以用石头。欧洲的宗教建筑施工周期长，不像中国的木构建筑一般随着王朝的兴衰而变更。像大家熟悉的巴黎圣母院历时 180 余年，科隆大教堂耗时超过 600 年。但在中国几千年的历史发展中，总体上来看却是君权大过神权。即便是宗教建筑，也必须首先满足皇权、君主的需要，比如祭祀的建筑等。

　　木构体系与社会宗法制度也有着完美的契合。在中国，建筑并没有被看作是恒久不变的纪念物，而是隶属于社会的等级制度和分类体系的。周而复始、日月轮回、四季更替、人事兴衰、朝代更迭，建筑也要不断地更替革新。《易经》讲的都是变化，这种变化就是中国人眼中的永恒。古代的欧洲人和埃及人把不变视为永恒，大量建造石构建筑，而在中国人的观念中，木是生命的象征，也具有生命的特征。历史上改朝换代，往往要毁掉旧朝的宫室，项羽火烧咸阳宫，李自成火烧紫禁城。但是新的统治者仍然需要房屋来满足生活起居的需求，所以建造的速度就要快，木构建筑的施工速度快，自然成为建造宫室的首选。大多数皇帝的陵墓从其继位便开始修建，修上几十年，等到皇帝驾崩才能使用，这些地下的建筑不求速度则多为石构。

2. 等级秩序

木构建筑体系在不断的发展演化过程中，深度地契合了封建社会的等级体制。从西方和中国的建筑基本观念上看，一个以"神"为中心，一个以"人"为中心。"神"是永恒的，"人"是暂时的，并且更为重要的是，阶级社会中的人始终要遵循社会的等级秩序要求。而木构建筑从用材到总体的结构、构造，都能具体地呈现出差异来。早在周代，王侯都城的大小就已经确立等级差别。"在城市规模上，诸侯的城大的不能超过王都的1/3，中等的1/5，小的1/9。城墙高度、道路宽度以及各种重要建筑物都必须按等级制造，否则就是'僭越'。"[1]虽然伴随着奴隶制的瓦解，这种城建制度也被打破，但是等级制度却被时代延续了下来[2]。统治者为了保证理想的社会秩序，制定相应制度或法律要求按照人们的地位差别来确定其可使用的建筑形式与规模。等级制度于周代已经出现，发展到清代末期延续了两千多年。这期间，中国古代的建筑并没有自身独立发展、创新的空间，牢牢地依附于社会的等级体系。

等级制度对中国传统建筑发展产生了深远的影响，城市布局秩序井然、建筑群组层次分明，形成了中国较为独特的风格，等级观念显示出很强的控制和限定作用。城市和建筑在统一秩序的控制中，呈现出几何同构的关系，住宅空间可以看作城市空间的分形加密。当然，等级制度也限制了传统建筑的发展，束缚了新材料、新技术的发展，也为新思想、新形式的出现设置了障碍。任何建筑做法一经礼制建筑采用，便成为禁令，再难以进行发展创新。中国传统建筑在漫长的封建社会中发展得保守而缓慢，这与等级秩序的限制密切相关。

---

① 潘谷西. 中国建筑史[M]. 6版. 北京：中国建筑工业出版社，2012：23.

② 齐英杰，杨春梅，赵越，等. 奴隶社会时期中国木结构建筑的发展概况[J]. 林业机械与木工设备，2011，39（10）：7-11.

3. 经济观念

中国历史上多数君主认为大兴土木是一件铺张浪费的事情，老百姓的观念中也认为这是劳民伤财的行为。但凡是动用全国劳力去修长城、挖运河、建陵墓、造宫殿的君主都被称为暴君。梁思成先生在《中国建筑史》一书中写道："始皇死后，二世复继续营建。然仅至公元前206年，项羽引兵西屠咸阳，烧秦宫室，火三月不灭。周秦数世纪来之物资工艺之精华，乃遇最大之灾害，楚人一炬，非但秦宫无遗，后世每当易朝之际，故意破坏前代宫室之恶习亦以此为嚆矢。"①唐代杜牧的《阿房宫赋》描写了阿房宫的兴建及毁灭，总结秦朝统治者骄奢亡国的历史教训，借此向唐朝统治者发出警告。李允鉌先生指出，"在建筑计划上，快速地完成工程任务相信是列为重要的考虑因素之一的。中国历史上并没有停留过几十年都是一个建筑的工地。"

在中国古代社会的经济观念及环境影响下，建造质量好、速度快、成本低成为选择建筑材料和建筑体系的首要原则，建造房子一方面要最大限度地满足人的使用需求，另一方面又要尽可能地节省人力、物力，这两者之间存在矛盾。每当有奢侈的大兴土木之风盛行，就会相应地出现反对皇帝铺张浪费、倡导皇帝仁俭自知的呼声。由于上述种种，不得不迫使中国的古建筑从其建造的技术上对矛盾加以解决。木构建筑在节约材料、节省劳动力、缩短施工周期等方面比砖石建筑具有显著优势。中国传统建筑就是在这样的矛盾下产生的，也是在种种清规戒律的约束下生存的，并且表现出了普遍的适应性和顽强的生命力。因此，中国古代放弃了发展具有纪念性、永久性的砖石体系建筑，而专注发展木构建筑。

二、受外部环境的束缚

1. 隶属地位

传统的中国建筑在中国文化中处于什么样的地位？一个社会的文化分类体系表明了这种文化或者文化中的所有人对于世界的认知方式。中国传统的建筑对于社会、文化、活动都表现出了较强的依附性和隶属性。唐代的《艺文类聚》反映出当时的社会分类整体上采用以皇权为中心，向外发散的格局。中心地位最高，向外等级依次降低。核心一圈是天、地、天皇、后妃，天地即是皇帝所祭祀的天和地。第二圈是山、水、州、军、礼、乐、封、禅，也就是社会相关的礼仪制度，用于维护社会等级秩序和差异。第三圈是舟、车、服饰、军器，也就是器用类。在中国普通文人的意识当中，建筑理应是属于器用类的，它为人们提供了一个可以使用的内部空间，但是建筑却没能像舟、车一样成为一个单独的分类。第四圈

---

① 陈明义. "钩心斗角"本义辨[J]. 四川建筑，2011，31（1）：51-53.

是鸟、兽、虫、鱼。这已经充分说明中国古代的建筑在中国的文化中是丝毫没有自己独立地位的。没有独立地位也就意味着没有独立的发展空间。

中国古代社会到底有没有真正的建筑师？张钦楠在《中国古代建筑师》一书中列举了 50 余人，包括工匠、神话传说人物、业主和业主代表、造园文人及建筑评论家、专职技术官员、画家等，其中业主代表和专职技术官员占的比重较大。业主及其代表虽然通过手中的决策权影响了城市和建筑最终的实施方案，但其自身实在称不上是规划师或者建筑师，虽然其中有人曾经主持过建筑工程，但也不是专职人员。而专职技术官员，也就是工官，长期担任司空、将作、将作少府、将作大匠、将作监等官职，专门从事城市规划、建筑设计、施工监理等工作。实际上远不止于此，以前的工官要管的事情非常多，工官的工作职能体现的是一种管制的权利。如果把工官算作是中国古代专业的建筑师，还算有一定道理，但他们也只是为特定人群——皇帝服务的建筑师。建筑师同样处于社会职业分类中的隶属地位，不可能脱离社会的等级体系进行建筑创作，更不用说建筑体系的创新了。

2. 规范限制

中西方建筑历史的发展过程中都曾出现了一些重要的著作，但比较而言，中国的建筑发展缺乏必要的理论研究，所以没有发展成为一个独立的学科。中国古代建筑方面的著作，除去在造园方面提出过比较成熟的理论，其他类型的建筑大多是记录经验和提出规范。以西方古典建筑典籍《建筑十书》作为对比，不难发现中国历史上的这一弊端。《建筑十书》是由古罗马建筑师维特鲁威所著，内容涵盖十分广泛，包括建筑教育、城市规划、建筑设计、建筑材料、建筑构造、施工工艺、机械和设备等，不仅记录了大量实践经验，还对建筑科学的基本理论进行了阐述。这本书中的诸多论点直到今天，无论是对西方建筑的发展，还是中国的建筑发展，都还具有指导意义。

反观中国历史上的建筑著作，近千年能够流传下来的当属北宋官方编纂的《营造法式》。总体上看，该著作内容多偏重规范的撰写及做法的描述，没有相关理论的深入研究作为支撑和引导。这使得建造传统建筑就是在做一道选择题，根据业主的身份和地位，选择一套适合他的规范做法，这些做法往往非常有限，在不逾制的情况下业主也通常会倾向于选择规范允许范围内等级最高的做法。可以说，在房屋的策划、设计阶段，就没有进行设计创作的空间，仅仅是做一个选项非常有限的选择，这显然不利于建筑的全面发展。建筑没有形成一套完整的理论体系，读书人大多不懂技术，不研究技术，那么建筑的传承和创新就只能依靠工匠所谓的师傅带徒弟。建造技艺的发展也就不稳定，历史上出现大的动荡，天灾、人祸都会迫使工匠们流离失所，甚至大量消失。中国历史上历朝历代的建筑风格都略有不同，但是在建筑核心的技术问题上却没有大的突破和创新，这不得不归咎于规范的限制和理论的枯竭。

3. 内向、尚祖、中庸

中国古代半封闭的环境和以农立国的国情，使其逐步形成了自给自足、眷念乡土的半隔绝式生活方式，这样的自然环境和社会环境下形成的儒家文化带有明显的内向性，体现在建筑的营造上表现为建构防御性的内向性空间。围合的院落布局应该可以说是中国古代传统建筑群体组合的典型代表做法，最早自仰韶时期的姜寨遗址、三星堆遗址以及后来的城市、宫殿、住宅以及园林等建筑类型，大都是以这种封闭或是半封闭的院落空间为基本单位，同时发展出了门屋艺术与空间序列组合的艺术。

中国文化的早熟性强化了早期文化的这种权威，而建立在血缘联系与祖先崇拜基础上的宗法制度，又进一步强化了祖制的权威性。在建筑上，我们可以看到尚祖的思想主要集中表现在两点上：一是在建筑类型上，出现了在中国古代建筑各类型中占有极其重要地位的祭祀祖先的宗庙；二是在营造坛庙、宫室、城池的建筑活动中，强调遵奉祖制不可随意做出变革，这也就是中国木构建筑在数千年的发展中，虽然工艺技术渐趋成熟，但却缺少在木构体系类型上的多样性和创新性发展、更加缺少木构之外体系的突破的重要原因之一。

中庸是儒家文化的基本精神，这其实是儒家追求和谐，避免极端的一种体现，在建筑上则表现为建筑本身的对称与均衡和建筑发展的保守与相继。中庸重点在"中""庸"二字，"中"就是位于中间、不偏不倚，"庸"就是一成不变、不求变易。中国古代社会较为重要的建筑类型往往都采用了中轴对称的布局方式，最尊贵的建筑也往往置于中轴线上。中国建筑始终沿着量变和渐变的方向走到近代。中国建筑的宏观发展路径被中庸的社会文化心理特征所限定，并依靠规范文化保持了连续相继的发展。

现代的技术、材料弥补了传统木材的缺陷，木构体系也挣脱了封建社会这一外部环境的束缚，木构体系的局限性已经被打破，延续性背后蕴藏的危机也早已经被解除。传统木构建筑的发展也迎来了最重要的契机。对于传统木构体系自身的优势，我们要自知，要清楚地知道这种体系的伟大与优越，要坚定地进行传承。对于传统木构体系自身的缺陷，我们要自省，并且要懂得运用现在的技术手段如何改变这些缺陷，通过创新来打破发展的局限性。在自知和自省的基础上，我们才能真正建立起对传统建筑文化的自信。

自信的具体表现是既要传承，又要创新。传承那些值得坚持的传统，变革那些阻碍进步的传统。自信不是一味地因循守旧，沿着既有的道路故步自封地一条道走到黑，更不是盲目地对传统进行全盘否定。坦然接受外来文化的影响和冲击，在交流中调整、优化、壮大自己。在传承中创新，才能使传统适应现代的需求，从而真正鲜活地存留下来，让传统具有强大的生命力。在创新中传承，运用新材料、新技术、新工艺表达传统、发扬传统，我们身处这块土地才能时刻回忆起那悠远而又伟大的历史，我们作为炎黄子孙才具有强大的底气。只有让传统文化散发出应有的光芒，才能照亮中华民族伟大复兴的道路，真正实现延续不断和兴盛不衰。

拓展阅读书目

1. 金观涛，刘青峰. 兴盛与危机——论中国社会超稳定结构[M]. 北京：法律出版社，2011.
2. 侯幼彬. 中国建筑美学[M]. 北京：中国建筑工业出版社，2019.
3. 柳肃. 古建筑设计理论与方法[M]. 北京：中国建筑工业出版社，2011.
4. 梁思成. 图像中国建筑史[M]. 北京：生活·读书·新知三联书店，2011.
5. 梁思成. 梁思成图说西方建筑[M]. 北京：外语教学与研究出版社，2014.
6. 安东尼亚德斯. 史诗空间——探寻西方建筑的根源[M]. 刘耀辉，译. 北京：中国建筑工业出版社，2008.
7. 张驭寰. 中国古建筑文化图史[M]. 北京：知识产权出版社，2012.

第六章　原始社会和奴隶社会建筑

第一节　原始社会早期的建筑

建筑发展的历史根源，是从解决人类的居住问题开始的。众所周知，已发现最早的人类住所是北京周口店龙骨山岩洞。当时的人只有住的行为，没有建造的行为，所以这个时期的住所不能称为真正的建筑。原始人选择栖身之所的自然岩洞，在选址方面有接近水源、地势高、洞内干燥的特点。洞口朝向背对冬季风，原始人居住生活在靠近洞口的部分。原始人在栖居自然岩洞的同时，在森林和沼泽地带，仍然依靠树木作为栖居的处所。当时人们借以栖身的树木和岩洞都只是自然界本身，但是生活的经验已经使他们懂得如何将栖居的树木去掉一些有碍枝权和茎叶，并采用一些枝干之类填补空当，对于岩洞则清除有碍的石块以及填补地面坑洼，略加修整以改善栖息条件。

第二节　原始社会晚期的建筑

一、仰韶文化

仰韶文化是我国新石器时代的一种文化，整个中原地区的仰韶文化包括不同时代的各种类型，约为公元前 5000～前 3000 年，分布于黄河中上游。

1. 群体建筑特征——聚落、大房子

姜寨遗址位于陕西省西安市临潼区城区，是我国黄河流域新石器时代一处以仰韶文化遗存半坡类型为主的史前聚落遗址。如图 6.1 所示，在姜寨的村落遗址中，居住区住房分为五组，每组都以一栋大房子为核心，其他较小的房屋环绕中间空地与大房子作环形布置，反映了当时的社会组织，也反映了氏族公社制度[①]。大房子是四个氏族部落的活动场所。整个聚落遗存保存得较为完整，由居住区、陶窑场和墓地三大部分组成。居住区周围有天然河道和人工壕沟环绕，中心有大广场。墓地位于居址东边，共发现墓葬 600 余座，以单人葬为主，也有合葬墓，

---

① 潘谷西. 中国建筑史[M]. 6 版. 北京：中国建筑工业出版社，2012：19.

墓内有陶器等随葬品。

半坡聚落的居住区位于村落中心，是村落的主体部分，外围大壕沟，北部为墓葬区，东部为窑场。半坡聚落共有 40 多座房屋遗迹，有一座大房子作为公共活动的场所，其他几十座中小型房子面向大房子，形成半月形布局。聚落房子朝向中心广场的统一布局，表明当时维系氏族团结的血缘纽带根深蒂固，与母系氏族社会组织的特征相吻合。

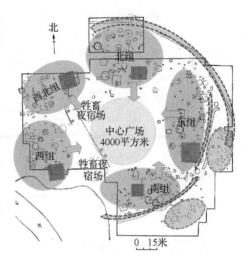

图 6.1　陕西临潼姜寨遗址总平面分析

2. 单体建筑特征——穴居、木骨泥墙

仰韶文化早期的房屋是半穴居形式，下部通过挖土、上部经过构筑形成。中期的房屋则是建立维护结构，采用木骨泥墙的做法，在木骨架上结扎枝条后再涂泥。晚期的建筑采用了复合平面，柱子排列整齐，木构架和外墙分工明确，并且使用了白灰抹面，这些特点在甘肃秦安大地湾的遗址中可以体现。木骨泥墙出现的重要性体现在两个方面：一是成为建筑由地下发展到地上的关键节点；二是直立的墙体、倾斜的屋盖等特征奠定了后世建筑的基本形象。单体建筑的发展从早期半穴居走向地上的木骨泥墙。

3. 建筑技术——白灰抹面

室内地面、墙面往往有细泥抹面或烧烤表面，使之陶化，以避潮湿，并且使室内空间更加清洁、明亮，或者铺设木材、芦苇作为地面防水层。甘肃秦安大地湾遗址、山西石楼县岔沟村遗址都采用了这一技术。

二、龙山文化

紧接着母系氏族社会仰韶文化之后的就是父系氏族社会的龙山文化，龙山文化是我国新石器时代晚期的一种文化，分布于黄河中下游。

1. 建筑格局

建筑采用了"吕"字形平面布局，如图 6.2 所示，具体为双室相连的套间式半穴居，建筑的私密性加强，套间的做法反映出以家庭为单位的生活方式。建筑在内室、外室皆设置了烧火面，用来煮食、烤火，并且在外室设窖穴，用于家庭储藏，这反映了私有制的痕迹。在整个聚落中，大房子消失，面积缩小，这反映出氏族部落中公共活动的减弱，而加强了以家庭为单位的生活起居。

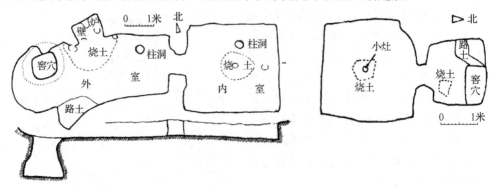

图 6.2　陕西省西安市沣西客省庄遗址二期文化 H98、H174 遗址平面

2. 技术、材料、装饰

仰韶晚期，白灰抹面的技术已经出现，但普遍使用是在龙山时期。这个时期，人们采用人工烧制的石灰做原料。龙山文化的遗址中还发现了土坯砖。河南安阳后岗龙山文化遗址中，部分建筑均为地面建造，屋基采用夯土筑成，墙体采用木骨泥墙或者土坯，室内的地面和墙面均采用了白灰抹面。山西襄汾陶寺村龙山文化遗址中，在白灰墙面上刻画图案是我国已知最古老的居室装饰。

三、河姆渡文化

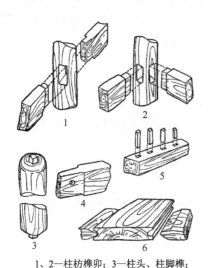

1、2—柱枋榫卯；3—柱头、柱脚榫；
4—销钉孔；5—栏杆构件；6—企口板。

图 6.3　浙江余姚河姆渡遗址房屋榫卯

河姆渡文化是中国长江流域下游地区新石器时代文化，其建筑形式主要是干栏式建筑。这种建筑形式与北方的半地穴房屋有着明显差别，是当时南方地区最具有代表性的建筑类型。长江下游地区的新石器文化是中国古代文明发展趋势的另一条主线。木构干栏式建筑由原始的巢居发展而来，下层用柱子架空，上层作居住用。浙江余姚河姆渡村是已知最早采用榫卯技术构筑木结构房屋的实例，梁、柱、枋、板都带有榫卯，如图 6.3 所示，其加工工具为石器。

四、红山文化

红山文化发源地在东北地区西部，主要分布在热河地区，起始于五六千年前的农业文明，是华夏文明最早的文化痕迹之一。红山文化的社会形态初期处于母系氏族社会的全盛时期[①]，晚期逐渐向父系氏族过渡。辽西东山嘴、牛河梁遗址是两处原始社会末期的红山文化遗址，牛河梁女神庙是中国最古老的神庙遗址，这组祭祀建筑已经体现出建筑群的组合概念。神庙建在山丘顶部，采用沿轴线展开的多重空间组合，室内墙面装饰运用彩画和线脚。距神庙一公里有一座小土山，全部人工夯筑，外包巨石，夯土层次分明。这种用石块堆积起来的红山文化墓葬形式，考古学家称之为积石冢。祭祀建筑在各地原始社会文化遗存中都有发现，例如内蒙古包头市大青山莎木佳祭祀遗址和大青山阿善祭祀遗址。

五、小结

从结构体系上看，原始社会新石器时期的建筑遗存分为两大类：一是黄河流域由穴居发展而来的木骨泥墙结构，二是在长江流域由巢居发展而来的木构干栏式结构。从建筑材料来看，除去红山文化以石材为主，仰韶文化和龙山文化都是以土和木作为主要材料，而河姆渡文化则是以木材作为主要材料。从建筑类型来看，仰韶文化、龙山文化和河姆渡文化遗存都是住宅和墓葬，而红山文化遗存是祭祀建筑。从建筑空间的特征来看，仰韶文化的聚落特征是大房子，仰韶文化晚期和龙山文化遗存主要是复合化空间，河姆渡文化遗存的特征是长屋。总体看来，新石器时期的建筑遗存反映了中国原始社会建筑多根系、多元化的起源，最后之所以发展出以木构建筑为主流的体系，充分说明了木构建筑的包容性。

第三节　奴隶社会发展概况

我国奴隶社会的开始是以夏朝的建立作为标志的，而后经历了商朝、西周到达了奴隶社会的鼎盛时期，再由春秋开始向封建社会进行过渡。这一时期社会的主要特征表现为三个方面：一是阶级的分化，二是手工业和农业的分工，三是青铜工具的使用以及后期铁器的使用。奴隶社会在文化方面的成就是在多元发展的前提下开启了文化认同的过程。

夏朝是中国历史上有记载的第一个世袭制朝代，处于新石器时代晚期，青铜器时代初期。禹传位于子启，改变了原始社会的禅让制，开启了历史上几千年的

---

① 徐英. 欧亚草原游牧民族艺术年表（上）[J]. 艺术探索，2011，25（3）：5-11，43.

世袭制，标志着原始社会被奴隶社会取代，"家天下"从夏朝建立开始。这一时期比较重要的遗址是河南洛阳偃师二里头宫殿遗址。商朝是中国历史上的第二个朝代，是第一个有同时期文字记载的王朝，河南安阳殷墟遗址的发掘证实了商王朝的存在。商朝在五六百年间曾多次迁都，大部分都位于河南省境内。这一时期重要的遗址有湖北黄陂盘龙城商朝宫殿遗址、河南安阳殷墟遗址、郑州商代遗址。周文王之子周武王灭商后建立了西周，定都于镐京，就是今陕西西安西南部，成王五年营建东都城洛邑，位于现在的河南洛阳。西周指的就是东迁之前那一时期的周朝，境内各个民族与部落不断融合，华夏民族逐步形成。这一时期的典型建筑遗址有陕西岐山凤雏村早周遗址和湖北蕲春干栏建筑遗址。奴隶社会的文化成就主要表现在以下方面。

一、文字

中华文明的文字在早期经历了象形的阶段，图画的特点很明显地体现在甲骨文的形状中，而在后期的发展中笔画保留了一定的图画特征，但是整体上呈现出方块文字的特点，已经与象形差异较大。汉字的这种象形特征反映了中国式思维具体、感性的特点，换句话说，在古汉字之前经历了一个文字画的起源阶段。创造汉字最原始的方法，起初是采用绘图，不受笔画的限制。以《说文解字》一书中房屋建筑类相关的汉字为例，"宀"部的字共计 74 个。"宀"在甲骨文中写作两竖墙加一个坡屋顶，如图 6.4 中"宫""室""宅"等字。按照事物客观的形体特征，描绘出有形象感的符号，以表达语言中的字义。

宫　　　室　　　宅　　　寝

图 6.4　房屋类汉字及其甲骨文形象

二、礼仪

中国古代的祭祀活动有着严格的等级限制。天地只由天子祭，山川由诸侯大夫祭，士庶只能祭自己的祖先和灶神。中国传统节日中的清明节、端午节、重阳节实际上都是祭祖日。祭祀是奴隶社会中礼制的重要内容，是奴隶主维护阶级统治的有力工具。祭祀祖先的场所往往就是残暴屠杀奴隶的血腥场所，也是被贵族奴隶主们视为神圣之地并为之顶礼膜拜的场所。礼其实就是一套维护社会的等级与差别的行为和规范，社会分类体系中的各种事物都会被等级化贴上相应的标签。玉器，原本是一种天然的玉石，但却与中国古代的礼仪制度、等级观念关系密切，在周代被广泛用于祭祀、丧葬等各种礼仪活动。雅乐同样是周代礼制的产物，雅乐并没有脱离社会的礼制而获得自己独立、自由、符合事物自身特性的审美，同样需要依附于社会的等级秩序，这种隶属的地位和建筑的处境一样，实际上限制和束缚了事物发展的进步空间。

第四节　奴隶社会的建筑现象

一、院的出现和发展

河南洛阳偃师二里头宫殿遗址是迄今为止可确认的中国最早的宫殿遗迹。宫殿中心纵横交错的路网、规矩方正的宫殿，具有明显中轴线规划的建筑群等特征，都表明二里头遗址是一处规划缜密、布局严整的大型都邑。其布局开创了中国古代都城规划制度的先河，形制为后世沿用，号称"中华第一王都"，许多考古学家认为这是夏末都城。

遗址中发现了大小宫殿和中小型建筑数十座，一号宫殿遗址规模最大，其夯土台的残高达到 80 厘米，东西长度约 108 米，南北长度为 100 米。夯土台之上的殿堂为八开间，周围有回廊，南侧有门。这些特征反映出了我国封闭庭院的面貌，也是迄今为止我国发现的规模最大的木架夯土庭院建筑。殿堂的列柱整齐，各间面阔统一，每根檐柱前方两侧还发现了较小的柱洞，有人推测是支撑木地板的永定柱遗迹，也有一种说法是支撑屋檐的擎檐柱遗迹，尚未验证。但这些特征表明建筑的木构技术已经有了提高。在二里头的二号殿堂建筑遗址中，廊院式的建筑群布局更为严整、对称，这表明中国院落式建筑布局逐渐完善和定型，如图 6.5 所示。

这一时期二里头的宫殿建筑总体上具有四项特征。①茅茨土阶：采用土木结合的构筑方式。用茅草做的屋顶，这是因为在当时人们还没有掌握用木材建造房屋的技术，就用茅草堆砌成屋顶。土阶就是把素土夯实，从而形成高台，然后把建筑建造在上面。当然，这也是形容房屋简陋的一种说法。②前堂后室：进行前后单体殿屋的空间划分。传统住宅、殿堂等建筑大都采用这种布局方式，将房屋开间的前半间虚敞为"堂"用来接待或办公之用，将后半间封闭作为起居之"室"。这种布局方式和宫殿中的"前朝后寝"是一致的。③庭院布局：内向的群体建筑组合方式已经出现，并且向对称、严整的方向发展。④门堂分立：形成了廊庑环绕的廊院布局，庭院布局造成了门堂分立，堂逐渐发展为有独立的屋檐和柱廊，门发展成门房或门廊。中国后世木构建筑的很多做法都可以在此找到渊源所在。

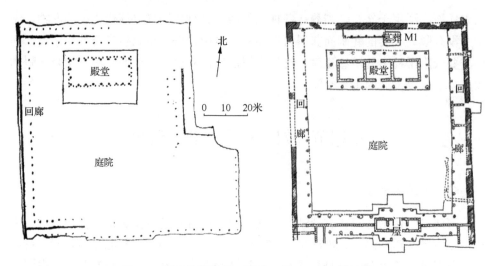

图 6.5　河南洛阳偃师二里头一号、二号宫殿遗址

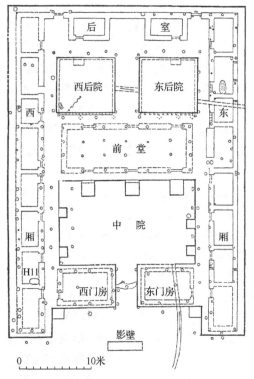

图 6.6　陕西岐山凤雏村早周遗址平面图

陕西岐山凤雏村的早周遗址是西周最有代表性的建筑遗址，这是一座严整的四合院建筑，由二进院组成，如图 6.6 所示。沿中轴线依次布置影壁、大门、前堂和后室。前堂、后室之间用廊联结[①]。建筑采用了前堂后室的布局，反映出内外有别的礼制要求。陕西岐山凤雏村的早周遗址发现的重要意义主要有六方面：①这是目前已知最早的四合院布局的建筑；②这是最早发现的两进式组群，采用了院与院串联；③这是最早出现的完全对称的组群，有明确、严谨的轴线控制；④这是最早的、完整的"前堂后室"格局的建筑；⑤建筑中最早出现"屏"的做法，也就是照壁或影壁；⑥建筑最早用瓦，突破了茅茨土阶的简陋做法进入更为高层级的建造阶段。无论从空间院落组织，还是构筑材料技术

① 郭青. 解密周原遗址大发现[N]. 陕西日报，2015-02-06（14）.

来看，这一遗址在中国建筑史都具有里程碑的意义。通过上述案例可以总结得出，院的做法在奴隶社会时期已经得到广泛应用，并且逐渐成熟和严谨。

二、建筑体系

奴隶社会综合了文明起源时期的各种因素，发展出土木混合的结构体系，并成为中国此后建筑体系的主流。从湖北黄陂盘龙城商朝宫殿遗址复原中可以看到早前中原地区木骨泥墙建筑体系的影响。从西周时期湖北蕲春干栏式建筑中可以看到长江流域木构干栏式建筑的延续。从夏朝开始，经过商朝和西周到达奴隶社会鼎盛时期，在春秋战国向封建社会过渡。在不到 2000 年的历史中，建造了很多大型宫殿建筑，发明出打夯技术、土坯、瓦件。建筑布局上创造了类四合院的群体组织方式，结构上创造了斗拱这一对后世影响深远的构造做法，这些都为后来木构建筑的发展奠定了基础。

三、建筑技术

虽然目前中国已知最早的建筑专著《营造法式》是宋代所作，但是西周时期的建筑遗址反映出在那个时期已经形成了比较完善的建筑做法。例如，单体建筑开间均匀、柱子排列整齐，宫室建筑从台基、柱础、门槛、墙壁等做法都有统一的营造法式。从设计到施工的过程中，无论是石作、木作还是瓦作，都已经有了口传心授的正式规定。西周时期瓦的发明与应用，解决了屋顶的防水问题，也使建筑从此走向更为高级的状态。在陕西岐山凤雏村早周遗址中，瓦的发现还比较少，据推测可能仅仅应用在屋脊、天沟和屋檐的部位。陕西省宝鸡市扶风召陈村的周代遗址，总体规划虽然不够严谨，建筑没有完全中轴对称，但是出土了大量的瓦，并且种类包括板瓦、筒瓦和瓦当三类。有的建筑屋顶已经全部铺瓦。陶水管的使用，解决了地面排水的问题。在陕西岐山凤雏村早周遗址中，还出现了在夯土墙和土坯墙上用三合土抹面的做法。

四、小结

奴隶社会的建筑发展总体上看还是多元与主流并存。空间观念、社会秩序都被整合进礼仪制度中，建筑布局与城市规划都表现出了宗法礼制与等级制度的特点。中国建筑基本的三段式构成已经形成，同时中国建筑空间组织的基本要素也已经出现，主要体现在庭院、方位和轴线等内容上。

通过对原始社会和封建社会建筑发展的梳理，能够清晰地看出中国建筑的发展经历了一个由多元的起源汇聚成主流的过程，这说明了中国主流建筑的出现和定型是一个优胜劣汰的选择结果。一个时代基于当时的生产力水平和自然环境条件，对建筑材料、建造体系的选择有其必然性。但值得我们深思的是，在后来中国面临木材短缺、缺少大木料的现实情况下，仍然没有对传统的建造体系进行合理的突破，只是在原有的基础上进行微调。之所以没有再重新去寻求多元的解决途径，重新经历多元的竞争和合理的筛选，是因为缺乏理论的思辨和科技的支撑。

拓展阅读书目

1. A. R. 拉德克利夫–布朗. 原始社会的结构与功能[M]. 丁国勇，译. 北京：中国社会科学出版社，2009.

2. 贺圣达. 东南亚历史重大问题研究——东南亚历史和文化：从原始社会到 19 世纪初（上、下）[M]. 昆明：云南人民出版社，2015.

3. 曾松友. 中国原始社会之探究[M]. 太原：山西人民出版社，2014.

4. 黄现璠. 中国历史没有奴隶社会——兼论世界古代奴及其社会形态[M]. 桂林：广西师范大学出版社，2015.

第七章 封建社会前期建筑

第一节 封建社会前期发展概况

我国传统的史学研究认为封建社会是从公元前 475 年战国时期开始到 1912 年辛亥革命推翻清王朝成立中华民国结束。封建社会共经历了近 2400 年的历史。公元前 475 年中国由奴隶社会进入封建社会。中国封建社会的基本特点如下：在经济上封建土地所有制占主导地位，在政治上实行高度中央集权的封建君主专制制度，在文化上以儒家思想为核心，在社会结构上是族权和政权相结合的封建宗法等级制度[①]。

春秋末期、战国初期，随着社会生产力的提高，农业、手工业不断发展，在奴隶制度结束后，中央集权的封建制度的建立等因素，促进了封建制度下经济体系的发展。我国的科学技术在漫长的封建社会有长足的发展，获得丰硕的成果。春秋战国时期灿烂的东方文明和古希腊辉煌的西方文明交相辉映，共同为人类文明做出宝贵贡献[②]。继春秋战国之后，我国在东汉、唐宋又出现了若干科技发展的高峰，直至明朝中期，我国科技在世界上还处于领先地位，到 16 世纪后才逐渐落后。

西周时期周天子实行分封制，保持天下共主的权威。平王东迁后，东周时期开始，周室开始衰落，已丧失实际控制能力，只保有天下共主的名义。诸侯国间争夺霸主的局面出现了，各国的兼并与争霸促成了各个地区的统一。总体看来东周时期奠定了中华文明思想的基础。东周时期的社会大动荡，实际上为全国性的统一准备了条件。秦朝就是由战国后期的秦国发展起来的统一大帝国。汉朝因国都的不同而分为西汉和东汉，西汉为汉高帝刘邦所建立，都城长安，东汉为汉光武帝刘秀所建，定都洛阳。秦汉同为中国官僚式的统一帝国，此后，中国又再次进入分裂时代。

三国是东汉和西晋之间的一段历史时期，有曹魏、蜀汉、东吴三个政权。西晋是中国在三国后短暂存在的大一统王朝之一，与东晋合称晋朝。东晋是门阀士族政治，也曾经内部四分五裂。东晋与之前的孙吴以及其后的宋、齐、梁、陈，合称为六朝。南北朝是中国历史上的一段大分裂时期，也是民族大融合时期，上承东晋十六国下接隋朝，由刘裕代东晋建立刘宋始至隋灭陈而终。

---

① 刘彩玲. 弗洛姆的自由思想及其当代启示[D]. 苏州：苏州大学，2012.

② 齐英杰，杨春梅，赵越，等. 中国封建社会时期木结构建筑的发展概况[J]. 林业机械与木工设备，2011，39（11）：11-13.

第二节　春秋、战国时期建筑发展

一、背景概述

西周实行分封制，周天子居于至高无上的绝对支配地位。根据宗法制和分封制，形成天子、诸侯、卿大夫、士等各级宗族贵族组成的金字塔式等级机构。各等级之间的相互关系，既是宗族关系，也是上下级关系。分封制缺乏中央集权，到了西周后期加剧了各诸侯国对周王室的不忠，形成了强大的地方武装割据。春秋时代周王的势力减弱，诸侯群雄纷争，鲁国史官把当时各国发生的重大事件，按年、季、月、日记录，一年分春、夏、秋、冬四季记录，把这部编年史概括起名为《春秋》。战国时期指东周后期至秦统一中原前，各国混战不休，"战国"一名源自西汉刘向所编订的《战国策》，《战国策》是一部国别体史学著作。在春秋战国时期，各种思想学术流派的成就，与同时期古希腊文明交相辉映，以孔子、老子、墨子为代表的三大哲学体系最为著名。至战国时期，形成诸子百家争鸣的繁荣局面。

二、发展概况

春秋时期是奴隶社会向封建社会的过渡时期，随着井田制的瓦解，开始出现封建生产关系。战国时期地主阶级夺取政权，彻底宣告奴隶时代的结束。在城市建设方面，春秋时期城市仅仅作为奴隶主诸侯的统治据点，规模小、商业也不发达。手工业、商业在战国时期得到高度发展，掀起城市建设高潮，经济因素成为城市发展的主导因素之一。春秋时期，由于政治、军事和享乐的需要，各个诸侯国建造了大量高台宫室。夯土台一般高几米至十多米，再在上面建殿宇。战国时期高台建筑仍然很盛行，赵国都城邯郸宫城内有高台十多座，燕下都东城内有大大小小的土台 50 多座，齐故都临淄西南角的小城内夯土台高达 14 米，这说明了高台建筑的普遍存在。考古学家在春秋时期的秦国雍城遗址中发掘了宗庙和陵园遗址，宗庙布局采用由门、堂组合的四合院形制，在庭院下部埋有牺牲坑，这都是祭祀建筑的典型特征。陵园共发掘了 13 座，布置了 18 座主要墓葬，陵园不用围墙而用隍壕作防卫，体现了秦陵的特色。战国时期秦咸阳一号宫殿遗址是重要的高台建筑遗址，台高 6 米，平面尺寸是 60 米×45 米，台上建筑、回廊高低错落，形成了一组壮观的建筑群。

《考工记》成书于战国时期，是齐国官书，作为《周礼》的一部分，书中主体内容编纂于春秋末至战国初，部分内容补充于战国的中晚期。在材料技术方面，春秋时期已经开始了用砖的历史，陕西凤翔秦雍城的遗址中出土了青灰色的砖及空心砖；战国时期装修用砖也出现了，特别是在地下墓室中，这反映出制砖技术的进步。简瓦、板瓦已经广泛应用在宫殿建筑中，并且还出现了在瓦上涂朱色的做法。铁质工具的使用，使木构建筑有了更快的发展，河南、长沙等地出土的战国木榫卯制作精确，反映了木构的发展水平。在市政设施方面，万里长城始建于春秋战国时期，在两千多年的封建社会中，不同时期都为抵御北方游牧部落侵袭而修筑军事工程。世界文化遗产都江堰是战国时期建造，蜀郡太守李冰父子在前人鳖灵开凿的基础上组织修建，整个工程由分水鱼嘴、飞沙堰、宝瓶口等部分组成，两千多年来一直发挥着防洪、灌溉的作用，是全世界迄今为止，年代最久、唯一留存，并且以无坝引水为特征的宏大水利工程[①]。此外，战国时期魏国的西门豹在漳河开挖 12 渠，战国末年秦国由郑国主持修建的郑国渠，也都是举世闻名、造福后代的著名水利工程。

三、高台建筑

战国时期重要的宫殿、台榭多采用高台建筑的做法，核心和基础是高大的夯土台，周围布置小室，再于高台上层层建屋。

这一时期的木构建筑为获得较大体量、气势恢宏的建筑组合效果，需要依附夯土台形成土木混合的结构体系，以符合宫殿建筑需要。高台建筑最早可追溯到奴隶社会，经过了春秋战国的发展盛极一时，一直到秦、汉还被广泛使用。高台建筑产生的原因，一方面是出于防卫和审美的需求，另一方面又因为木构建筑的技术还不够完善，从而寻求这样一种追求高大雄伟建筑的解决办法。如图 7.1 所示，以陕西咸阳秦咸阳宫一号宫殿为例，高台建筑一般具有以下四项特征：①在外观上，以土台为核心，外包木构建筑，以获得形体感觉比较大的视觉效果。②在空间上，夯土工作量很大，内部空间不大。③在结构上，上下层结构没有关系。④在落地关系上，层层落地，每层都可走到室外。由此可见，高台建筑无论外观多么宏大，真正所为人使用的内部空间还是非常接近人体尺度的。

随着木构建筑技术的进步，高台建筑所具有的弊端也日益明显：夯土台基对人工材料的要求太高，规模大、损耗也大。高台建筑为达到高大的效果，土台的修建往往不止一层。《老子》中有"九层之台，起于累土"的说法，虽不能确切说明台基真有九层，但至少说明是多层的。以当时的生产力水平来衡量，高台建筑工程的规模浩大，损耗巨大的财力和人力，确属劳民、伤财、害农之事。因此，当建筑技术有了一定发展后，人们修建出多层楼阁，建造这类建筑省时省力，并且建筑的空间与其外观真实对应。秦朝以后，高台建筑的记载就开始渐渐减少，高台建筑因其种种缺陷自然被淘汰。但是作为封建社会早期就出现的一种建筑形式，高台建筑对中国后来的建筑发展、审美取向都产生了影响。直到封建社会后期，一些重要的建筑中，特别是皇宫，仍然能够看到其台基部分受到高台建筑的影响而处理得较高，也就是我们常说的"高台遗风"。

---

① 宋磊，杨士龙. 论资源法中的资源[C]//中国法学会环境资源法学研究会，河北大学. 区域环境资源综合整治和合作治理法律问题研究——2017 年全国环境资源法学研讨会（年会）论文集. 中国法学会环境资源法学研究会，河北大学：中国法学会环境资源法学研究会，2017：1024-1029.

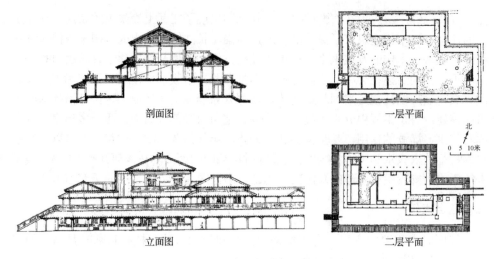

图 7.1　陕西咸阳秦咸阳宫一号宫殿遗址平面图、立面图、剖面图

第三节　秦、汉时期建筑发展

一、背景概述

秦王嬴政结束了战国以来诸侯长期割据的局面，统一了中国，建立了幅员辽阔的国家，以咸阳为首都。国家的疆域，东至大海，西至陇西，南至岭南，北至河套、阴山、辽东。为了加强统治，嬴政创建了专制主义中央集权的政治制度，废除分封制，实行郡县制，树立了绝对皇权，巩固了统一的局面，把中国封建社会的历史推到一个新阶段。汉朝是继秦朝后出现的朝代，在中国历史上非常具有代表性，扮演了承前启后的重要角色。汉朝分为西汉与东汉两个历史时期，又称两汉。亦有以东汉与西汉的首都代指，合称两京。西汉为汉高帝刘邦所建立，定都长安；东汉为汉光武帝刘秀所建立，定都洛阳。其间有王莽短暂自立的新朝与西汉更替时期。

二、发展概况

秦朝是中国历史上第一个中央集权的封建国家，汉朝处于封建社会上升时期，佛教就在东汉初期传入了中国，中国第一座佛教建筑就是东汉明帝洛阳白马寺。在城市建设方面，秦咸阳城既是战国时期的秦国都城，也是秦统一六国建立秦王朝后的都城。秦始皇在统一全国的过程中，吸收融合了关东六国的宫殿建筑做法，仿建六国的宫室扩建皇宫。在总体的规划布局上，滔滔渭水穿流于建筑群之间，蔚为壮观。整个咸阳城离宫别馆，亭台楼阁，"覆压三百余里，隔离天日"，各宫间以复道、甬道相连，是当时最繁华的大都市。西汉时，都城长安是当时全国的政治、经济和文化中心。汉长安城的平面呈不规整的方形。由于城墙是在长乐宫和未央宫建成之后才开始兴建的，因此迁就二宫和河流的位置，形成南墙曲折如南斗六星，北墙曲折如北斗七星的形状，又有"斗城"之称。东汉洛阳城在今洛阳市东 15 公里，于白马寺以东，北依邙山，南临洛水。东汉洛阳城南北长九里七十步，东西宽六里十步，通称"九六城"，平面长方形，设 12 座城门。在纵向轴线上，依西汉旧宫经营南北二宫，两宫相距一里，其间以三条复道相连。城内外各有皇家苑囿七八处，还有一些贵族的私家园林。

在建筑体系方面，汉代的木构建筑渐趋成熟。现在虽然没有汉代木构的遗物，但是仍然可以从画像砖、画像石、陶屋明器等资料来判断出木构建筑在这一时期有了重大的进展。抬梁式、穿斗式两种主流的木结构已经形成。斗拱已经得到普遍应用，虽然还未统一和定型，但是其结构作用非常明显。在这一时期，庑殿顶和悬山顶的应用已经非常普遍，歇山顶与囤顶也已经出现。砖石结构体系在汉代也有了巨大进步，地下的石墓中拱券结构、砖砌穹隆顶都已经出现，地上的墓阙、墓祠、墓表等石刻也制作精美，制砖技术和石材加工水平都有较大进步。

在不同建筑类型的发展中，秦始皇在原先战国时期秦、赵、燕三国长城的基础上大规模修筑长城，长城是防御建筑的典型代表。此外，阿房宫、秦始皇陵和秦直道的建设也是秦始皇的重要工程。汉代建造了大量的礼制建筑，这些建筑集中地反映出封建社会中的天人关系、阶级等级关系等，是上层建筑的重要组成部分，在维护封建统治中起到很大的作用。从礼制建筑类型来看，坛庙宗祠，明堂，陵墓，朝堂，阙、华表、牌坊等为其重要的五个类别。由于汉代的大多数建筑，特别是难以长久保存的木构建筑已无实物可考证，画像砖、画像石和陶屋明器就成为我们研究建筑发展的重要媒介。汉画像砖是一种表面有模印、彩绘或雕刻图像的古建筑用砖，这些砖的题材丰富，深刻反映了汉代的社会生活。画像石是雕刻画像的建筑构石，一般用在汉代地下墓室、祠堂、墓阙、庙阙等建筑，其内容同样丰富多彩，刻画了现实生活、历史故事乃至神话传说。明器，是指古代人们下葬时带入地下的随葬器物，即冥器（也指古代诸侯受封时帝王所赐的礼器宝物）。明器一般用陶瓷或木石制作，有的是日用器物的仿制品，还有人物、畜禽、车船、建筑物等模型，明器是现在考察古代建筑的重要考古实物。

三、木构建筑

在河南荥阳出土的陶屋和四川成都出土的画像砖上面已经较为清晰地呈现出柱上架梁、梁上架短柱、柱上再架梁的木结构。抬梁式的梁柱榫卯关系是垂直的。湖南长沙和广东广州出土的东汉陶屋则与上述遗物呈现出截然不同的结构，柱上直接承檩，柱间用穿枋进行连接，也就是穿斗式结构。穿斗式的梁柱榫卯关系是水平的。从画像砖、明器中所反映的建筑形象可以推测，这一时期庑殿顶和悬山顶的应用最为普遍，歇山顶与囤顶也已经出现。随着木构技术的进步，作为中国传统建筑特色的屋顶形式也渐趋丰富多样。在东汉的画像砖、明器和石阙上，斗拱的形象随处可见，说明斗拱在汉代已经普遍使用。斗拱在这一时期已经表现出明确的结构作用，为了保护土木的墙体和构架以及房屋基础，而向外出挑足够的长度承托屋檐。但相比较后面的唐宋盛世，斗拱的形式还未统一、定型。此外，汉画像砖上反映出当时建筑阙门的做法以及房屋庭院式布局，陶屋明器中也证实多层木架建筑较为普遍。

　　汉以后，"台"的建造已经逐渐衰落。四川成都出土的画像砖，描绘了一组庭院之中耸立了一座望楼，这座望楼并非常见的多层楼阁形式，而是先由木构架构成一个高耸的台基，台基呈上小下大的收分，再承托上部的建筑与屋顶，台基中空内设楼梯可达上部。这座建筑的规模较小，从形式上看是模仿高台建筑，但是木构的建造技术明显提升。这一时期楼阁的建造大多出于人们生活居住的需要、军事安全的需要等，往往与人的尺度相近，因为没有过于高大的必要。东汉初期，佛教传入中国。印度的塔和中国的木构楼阁相结合，发展出全新的木构楼阁式塔，此后塔的高低大小演化为一种崇佛程度的标志。

四、明堂辟雍

　　《白虎通》说："天子立辟雍，行礼乐，宣德化，辟者像璧，圆法天；雍之于水，像教化流行。"《新论》曰："王者作圆也，如璧形，实水其中，以圜雍之，名曰辟雍，言其上承天地，以班教令，流转王道，周而复始。"①辟雍具有宣传教育的功能，而名堂是包括太庙在内的一组推广政策的"明政教之堂"，很多人将其理解为皇帝的政治中心。

　　"明堂辟雍"建筑群则是兼具了祭祀祖先和宣传教育两种功能，是传播儒家文化的建筑，也是最高等级的皇家礼制建筑。西汉元始四年（公元4年）建造的明堂辟雍，王世仁曾经研究并做出原状的推测，如图7.2所示。这组建筑位于汉长安南门外大道东侧，符合周礼中对明堂位于"国之阳"的规定。整组建筑形成圜水方院和圆基方榭的双重外圆内方格局，是典型的双轴线对称的台榭形象。

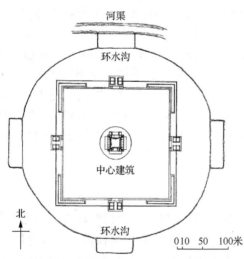

图7.2　陕西省西安市汉长安南郊礼制建筑总平面复原图

① 李允鉌. 华夏意匠[M]. 天津：天津大学出版社，2005：103.

第四节　三国、两晋、南北朝时期建筑发展

一、背景概述

从东汉末年三国鼎立，然后经历两晋，再到南北朝时期，这段时期是我国历史上政权更替频繁、战乱不断的一个时期[①]。三国两晋南北朝又称魏晋南北朝，从公元 220～589 年，其中只有 37 年大一统的时期，其余的朝代更替频繁并且有多国政权并存。具体分为三国时期（以曹魏正统，蜀汉与孙吴并立）、西晋时期（与东晋合称晋朝）、东晋与十六国时期、南北朝时期（南朝与北朝对立时期，共 150 年）。另外位于江南，全部建都在建康（孙吴时为建业，即今天的南京）的孙吴，东晋，南朝的宋、齐、梁、陈等六个国家又统称为六朝。北方战乱频繁，经济破坏严重，民族融合加强，南方相对稳定，经济迅速发展。魏朝时期实行"九品中正制"，国家选拔官吏只看家世出身，导致门阀士族垄断政府的重要官职。大族之间互相联姻，在统治阶级内部构成一个门阀贵族阶层，逐渐形成了一整套的特权制度，即"门阀政治"。这个时期总体而言在社会生产方面的发展较为缓慢，建筑上没有汉代那么多创新和发展。由于佛教的传播，高层佛塔出现，并且在开窟造像和壁画等方面有了巨大发展。

二、发展概况

由于此时期长期处于战乱和分裂状态下，社会生产发展比较缓慢。佛道大盛，一方面统治阶级需要利用宗教加强对人民的控制，另一方面人们在佛教中求得心灵的寄托，因此佛教建筑在这一时期有了重要发展。早期的佛塔是一个半圆形的大土冢，完全是坟墓的形式。现存比较完整的印度桑奇大塔，中央就是复钵形塔体[②]。早在东汉时期，随着佛教传入中原，佛塔的建造也已经开始。中国早期的佛塔，大多数都是中国建筑形式的楼阁式塔，楼阁式塔的形式来源于中国传统建筑中的楼阁。这一时期还出现了密檐式塔，实例是河南登封嵩岳寺塔（北魏），是现存最早的佛塔、砖石塔。石窟也是由印度传入的佛教建筑类型，是僧侣们为了遁世隐修，选择在崇山峻岭间的偏僻幽静之地，开凿石窟以供修行之用。石窟其实是另一种形式的寺庙建筑，依山势开凿而成，里面绘有壁画，主题关于佛像或佛教故事。石窟艺术兴于魏晋时期，吸收了印度犍陀罗艺术，融合中国绘画雕塑的技法与审美，反映出佛教思想及其汉化过程，是研究中国建筑演变的珍贵资料。在石刻方面，南京郊区出现的石辟邪、石墓表显示出其技艺的进一步提高，如南

---

① 薛晨玺. 论中国古代建筑史[J]. 山西建筑，2010，36（36）：17-18.

② 叶玉梅. 圣地之旅——话佛塔[J]. 西藏大学学报（汉文版），2000（3）：14-18.

京梁萧景墓墓表、河北定兴北齐石柱。魏晋南北朝时期，是中国古代园林史上的一个重要转折时期，以自然山水为本的园林思想起源于魏晋时期。当时私家园林受到山水诗画意境的影响，已经从写实走向写意。自然山水园林的出现，为后来唐、宋、明、清时期的园林艺术打下了深厚的基础。这一时期，同样是古代家具发展史上一个重要的过渡：上承两汉，下启隋唐。因为少数民族入侵的原因，从少数民族传入了高型坐具——胡床。经过演变，渐高家具开始崭露头角。卧具床、榻等也渐渐变高，人们可垂足坐于床沿。

三、佛塔

1. 楼阁式塔

在佛教传入中国之前，楼阁这种建筑形式在中国就已非常普遍。佛教传入中国之后，将塔建成多层楼阁的样式，塔内可供奉佛像，内设楼梯，可供攀登，即为楼阁式塔。从建筑特征上看，楼阁式塔具有台基，木结构的梁、枋、柱、斗拱等构件。塔刹放置塔的顶部，形制较为多样。有的塔在一层有外廊，这种做法也叫"副阶"，能够加强塔的稳定性，有效防止塔身受雨水冲刷，延长塔的寿命。楼阁式塔在中国古塔中，历史最悠久，形体最高大，保存数量也最多。

洛阳白马寺所建四方形塔是最早的楼阁式塔，早期楼阁式塔已经没有建筑遗存，其样式可从南北朝的云冈和敦煌石窟中的雕刻上了解到。早期楼阁式塔为木结构，由于其极易毁于火灾，所以大多实物没有能够保存下来。如图 7.3 所示，永宁寺塔为北魏洛阳城的皇家寺院中的佛塔，是典型的楼阁式塔，为木结构，高9 层，百里外都可以看见，规模之宏大为洛阳千寺之冠。修建成的永宁寺是一座以佛塔为中心的佛寺，是专供皇帝、太后礼佛的场所。迄今尚存塔基遗迹，为高大的土台。

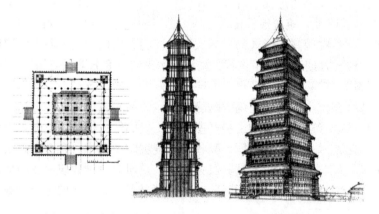

图 7.3　北魏洛阳永宁寺塔复原平面图、剖面图及透视图

2. 密檐式塔

密檐式塔是楼阁式木塔向砖石结构发展演变而来的一种类型。密檐式塔为砖石结构，台基较高，塔身有明显的弧线收分，塔身越往上收缩越急，呈现出一种具有弹性和张力的曲线外轮廓。密檐式塔相较于楼阁式塔，底层台基的尺寸加大升高，上面各层高度都急剧缩小，各层檐密叠，檐间不设门窗。密檐式塔在发展过程中形成了自己特有的风格，成为唐辽时期塔的主要类型，且多为四角形、六角形和八角形。密檐式塔一般将佛像雕在塔身外侧，内部多为实心。从建筑功能上来看，密檐式塔仅作为礼拜对象而不供登临远眺。

中国现存最古老的密檐式塔是河南登封的嵩岳寺塔，如图 7.4（a）所示，平面十二边形，15 层密檐层层向上收缩。该塔高度近 40 米，上小下大的体型利于建筑的重心下移，便于防风抗震，历经 1500 多年的历史仍旧巍然屹立。而 1500 多年之后，上海的金茂大厦采用嵩岳寺塔作为钢结构高层建筑的设计原型，向上缩进的形体具有节奏感，如图 7.4（b）所示。SOM 虽然是美国的建筑设计事务所，但是主创建筑师却提到："我在研究中国建筑风格时，注意到造型美观的中国宝塔，塔是高层建筑之源。设计时，我取宝塔神韵，试图创造一个举世无双的形象。"

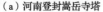
（a）河南登封嵩岳寺塔　　　　　（b）上海金茂大厦

图 7.4　嵩岳寺塔与金茂大厦对比图

四、石窟

中国石窟艺术同样源于印度，印度石窟可分为支提窟和毗诃罗窟，这两种形制是中国塔院型石窟和僧院型石窟的原型。支提窟平面狭长，分前后两个空间，前部是礼堂，后部为穹隆井。这种石窟传入中国之后，内容和形式都有所演化，包括塔心柱也有变化。毗诃罗窟则是僧徒居住、修道、讲学、集会的地方，在一个大型的方形窟室中的左右后侧开凿出小的支洞。中国石窟除了塔院型石窟和僧院型石窟外，还有佛殿窟和讲堂窟。

1. 塔院型石窟

这类石窟以塔为窟的中心，又称支提窟，佛教中用于供奉塔和佛像的佛殿。"支提"就是"塔"的意思，把窟中支撑窟顶的中心柱雕成佛塔的形象，和初期的佛寺以塔为中心是同一概念。这类石窟在大同云冈石窟中较多。支提窟规模较大，需供信徒巡礼观像。在塔顶接窟顶，使塔像柱子一样起支撑作用，使建筑结构更加牢固。支提窟中的塔被形象地称为中心柱。

新疆克孜尔石窟第 38 窟，是典型的中心柱窟，由前室、主室和后室组成，与第 39、40 窟原有共用前室，崩塌后改作前廊[①]。如图 7.5 所示，中心柱在后部，正壁开凿圆拱形佛龛。该石窟内部空间被划分为两个区域，沿用了印度支提窟早期空间划分的做法：前部礼拜禅观的静态空间+后部旋绕的动态空间，且比印度支提窟更早地将佛像纳入内部空间和中心柱合为一体。这里的中心柱更多是作为供奉佛像的空间而存在。

图 7.5　新疆克孜尔石窟第 38 窟平面及照片

2. 僧院型石窟

僧院型石窟又称精舍窟、毗诃罗窟，毗诃罗即精舍、僧院的意思。这类石窟在其中置佛像，周围开凿若干小窟，供僧众打坐修行，以求精神上的解脱。僧院型石窟既是禅坐场所，也是居住场所。也有将禅室和讲堂在一个区域内分开布置，构成一个寺院组群的做法。在中国这类石窟数量较少。

---

① 苗利辉，谭林怀，肖芸，等. 新疆拜城县克孜尔石窟第 38～40 窟调查简报[J]. 中国国家博物馆馆刊，2018（5）：26-47.

3. 佛殿窟和讲堂窟

佛殿窟中以佛像为主，不设有中心柱，布局相当于寺庙中的佛殿，在中国是较为普遍的类型。讲堂窟则是专门为讲经而开的一种石窟类型。敦煌莫高窟中常见的佛殿窟顶部为覆斗形，模仿的是汉晋以来的中原宫殿建筑样式。佛殿窟在隋唐以后明显占据优势，反映出佛教文化逐渐本土化的变化。

通过梳理封建社会前期建筑的发展，可以看出木构已经成为建筑的主流体系，虽然没有解决结构技术难题，但是强势的地位已经清晰。宗教在中国社会也是处于依附地位，无法与宫殿建筑的统帅作用相比，但佛教的传入对我国建筑、雕塑和绘画艺术都产生了深远的影响。自从佛教进入中国，它就不断被中国人改造，在其发展中呈现出鲜明的中国特色，中国的佛教建筑也迥然不同于印度，它们是中国人自己的作品，仍然坚持了以木结构为主要体系，以院落为主要布局的中式特征。在文化交流的过程中，吸收外来文化的同时保有自己文化的独特性，这对于当代中国的建筑创作仍具有启发意义。

拓展阅读书目

1. 王奎，谭良啸. 三国时期的科学技术[M]. 北京：社会科学文献出版社，2011.

2. 傅熹年. 中国古代建筑史 第二卷 三国、两晋、南北朝、隋唐、五代建筑[M]. 北京：中国建筑工业出版社，2009.

3. 宋立民. 春秋战国时期室内空间形态研究[M]. 北京：中国建筑工业出版社，2012.

4. 张驭寰. 图解中国佛教建筑[M]. 北京：当代中国出版社，2014.

5. 王贵祥. 中国汉传佛教建筑史——佛寺的建造、分布与寺院格局、建筑类型及其变迁[M]. 北京：清华大学出版社，2016.

第八章　封建社会中期建筑

第一节　封建社会中期发展概况

隋唐到宋朝是我国封建社会发展的鼎盛时期，也是我国古代建筑的成熟阶段。从城市建设到单体建筑，从建筑装饰到施工技术都有了重要的进展。隋唐都是世界性的大帝国。隋朝统一了中国，结束了自西晋末年开始长期战乱的历史，结束了长达300年的分裂局面。唐朝是继隋朝之后的大统一王朝，是中国历史上非常重要的朝代，也是公认的中国最强盛的朝代之一，是秦汉、隋朝以来，第一个不筑长城的统一王朝。五代十国又是中国历史上的一段大分裂时期，自唐代灭亡以后，中原地区产生依次更替的五个政权：后梁—后唐—后晋—后汉—后周，就是五代，十国则是中原地区之外存在的十个割据政权。宋朝是中国历史上承五代十国、下启元朝的朝代，经济、文化、教育、科学高度繁荣发展。北宋政权建都于汴梁，先后与辽、金及西夏对峙。靖康之变后北宋灭亡，赵构在南京应天府继承皇位后迁都临安，史称南宋，宋朝的统治中心南移。南宋与金、西辽、大理、西夏、蒙古帝国等政权并存。辽是中国历史上由契丹族在北方地区建立的封建王朝，是五代十国和北宋时期，以契丹族为主体所建立的。辽国原国号为契丹，后因其居于辽河上游之故，遂国号改为辽。金朝，是女真族建立的一个王朝，金朝立国后，先灭辽，后灭北宋。金朝在南宋和蒙古南北夹击之下灭亡。西夏是中国历史上由党项人在中国西北部建立的一个政权，与宋、辽一度处于战争和议和的状态，随着金朝的兴起，经济一度被金朝掌控，最后在蒙古崛起的势头下，金夏自相残杀，终亡于蒙古。

第二节　隋唐时期建筑发展

一、背景概述

隋朝的统一为社会经济文化的发展创造了条件，唐朝前期全国统一稳定的局面为唐朝中期达到封建社会经济文化的发展高潮提供了基础。隋朝存在的时间虽然较短，但是确立了三省六部制，形成了中国古代封建社会一套组织严密的中央官制，并在唐朝得以完善。隋唐时期还建立了科举制度，自此开始通过考试选拔官吏，彻底打破了之前依靠血缘世袭关系的士族垄断。隋朝是中国古代建筑走向成熟的一个过渡期。隋代虽短，但因隋炀帝大兴土木，大建行宫别苑，建筑技术得到较为快速的进步。又加上隋代一统分裂多时的南北朝，南北的建筑技术交流也空前繁盛，这为唐代成熟的建筑体系铺路。唐朝的经济文化快速发展，建筑的技术和艺术也得到高度发展，建筑风格气魄宏伟，严整开朗，完美地体现了时代精神。

二、发展概况

隋代建筑遗存下来的实物很少，仅有砖石结构留下，木构建筑早已不复存在，比较著名的有赵县安济桥及一些砖石塔。隋文帝杨坚建立隋朝后，最初定都在汉长安，但是由于当时长安破败狭小又水污染严重，便决定在其东南的龙首原南坡另建新城。在总规划师宇文恺的主持下，仅用 9 个月左右的时间就建成了宫城和皇城，而后再筑外郭城的城垣，城市的总体格局基本形成。隋朝第二位皇帝隋炀帝杨广继位之初，决定迁都洛阳，汉魏洛阳此时已经不再适合作为都城，于是另选基址，宇文恺便负责营建东都洛阳。迁都洛阳出于统治国家的战略考虑，以及对当时军事、政治和经济形势的充分认识。洛阳到五代、北宋时仍在使用，曾是全国经济文化中心。唐朝继承"东西二京"，并且加以充分利用。

隋代建立的神通寺四门塔是一座典型的单层塔建筑，全塔风格朴素简洁，同当时模仿木结构装饰的砖石塔意趣大为不同。塔的平面呈正方形，四面各开一道小拱门，塔身全部由青石砌成。内有石砌的粗大中心柱，四面各安置石雕佛像一尊。建筑的内部形式与中心柱型的石窟极为类似。塔的顶部为五层石砌叠涩出檐，上收成截头方锥形。塔顶立刹，为方形须弥座，四角饰以山花蕉叶，正中立刹，拔起相轮，此做法和云冈石窟中的浮雕塔刹完全相同。河北省赵县的赵州桥，又称安济桥，是我国古代石拱桥的杰出代表。隋唐大运河以洛阳为中心，北至今天的北京，南至现在的杭州，纵贯富饶的华北平原和东南沿海地区，是联系中国古代南北的交通动脉。

总的来说，唐代城市布局和建筑风格的特点是规模宏大，气魄雄浑，格调豪迈，整齐而不显呆板，华美而不显纤巧。不仅都城、宫殿、陵墓、寺庙如此，全国各地的城市衙署也莫不皆然[①]。唐代木构建筑的技术进一步发展，彻底解决了大体量、大面积的建构问题，定型化的做法也开始出现。木构建筑已经完全摆脱了过去高台建筑依靠围绕夯土台外包小空间的做法来取得宏大的体量和外观。建筑的空间、外形和技术达到了空前的真实与统一。此时的砖石体系建筑也进一步发展，砖石塔数量增多，木构楼阁式塔虽然仍是主流类型，但是极易毁于火灾，我国目前保存下来的唐塔全是砖石塔。砖石塔的外观部分还会仿照木建筑的柱、枋、斗拱、檐口等细部，一方面反映出砖石加工的精致化，另一方面反映出砖石建筑发展的局限性，仅仅是依附和演绎木构建筑的做法或形式。除去以上两种重要建筑体系的发展、完善，唐朝建筑在群体处理上也表现得日益成熟，无论是轴线的处理、纵深的变化，还是对主体的陪衬、地形的利用，都体现了建筑组合的严整

---

① 张家琪，周巧. 唐朝的美学思想对唐朝建筑风格的影响[J]. 山西建筑，2008（12）：60-61.

有序，深刻影响了后世明清宫殿和陵墓的布局。

三、木构建筑

含元殿是大明宫的前朝第一正殿，也是唐长安城的标志建筑，皇帝大多在这里举行大朝贺活动。含元殿尺度巨大，气势恢宏。如图 8.1 所示，主殿为单层建筑重檐庑殿，东西两侧各有外伸并向南折出的廊道，与翔鸾阁、栖凤阁相连，两阁均为跌落的歇山式屋顶形制。建筑总体上居高临下，两翼开张，包括东西的两阁在内，建筑群总宽度约 200 米，气势宏大，龙尾道的修筑更加映衬出含元殿的高大雄伟。含元殿的布局利用龙首原高地的地形、两侧双阁的陪衬，塑造出建筑群轴线上的空间变化。

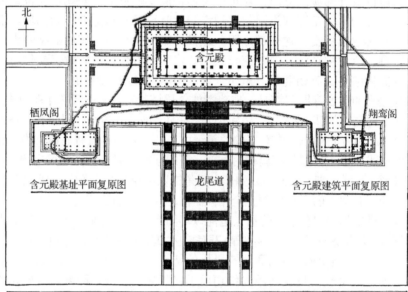

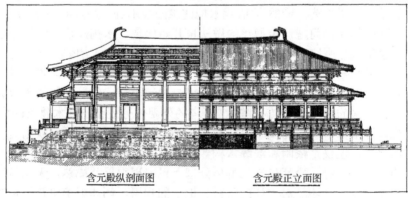

图 8.1　含元殿复原平面图，主殿立面图及剖面图

麟德殿是皇帝宴请群臣、观看舞乐杂技、做佛事的地方，相当于大明宫的国宴厅，也是宫中最主要的建筑之一。麟德殿进深达十七间，面阔十一间，底层面积合计约 5000 平方米，相当于明清太和殿面积的 3 倍。建筑采用前后殿阁相连的做法，南北主轴上串联着前、中、后三殿，两翼再加以楼亭连接的组合。麟德殿是迄今为止所发掘的唐代建筑中形体组合最复杂的大建筑群，三殿相连、亭台簇拥、高低错落，充分说明了木构建筑解决了大面积、大体量以及复杂形体的技术问题。

佛光寺创建于北魏孝文帝时期，现在著名的佛光寺大殿是重建于唐大中十一年（公元 857 年）的主殿东大殿。它的发现否定了日本学者对于中国已经没有唐朝木构建筑的言论。如图 8.2 所示，佛光寺大殿采用单檐庑殿顶，面阔七间，进深八架椽，平面由内外两圈柱子组成，是典型的金厢斗底槽做法。从建筑的屋檐出挑来看，木构技术解决了较大跨度和出檐的悬挑问题。梁架采用叠梁和三角屋架相结合的形式，较好地解决了屋架的稳定性。从比例分析来看，已经初步建立了模数化、规格化的规定。从结构、构造方面看，斗拱的结构功能明确，尺寸大，占一半柱高，结构与形式一致，成为整座建筑构架的有机组成部分。这一建筑案例明确地说明用材制度已出现。

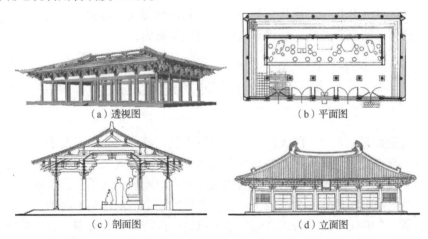

（a）透视图　　　　　　　（b）平面图

（c）剖面图　　　　　　　（d）立面图

图 8.2　佛光寺大殿木构架透视图、平面图、剖面图及立面图

四、砖石建筑

赵州桥为李春所建，是一座空腹式的 60°圆弧形石拱桥，在拱券两肩各设有两个跨度不等的腹拱，四个小拱既能减少桥的自重、节省材料，也能够减轻洪水流量的压力，便于泄洪，并且 60°的弧拱比 180°圆拱更加稳定，但对两端桥基的推力相应增大。赵州桥不仅实现了低桥面，同时完成了大跨度，并且用料省、施工方便。欧洲类似的敞肩拱桥比我国晚了 1200 多年，直到 19 世纪中期才出现。赵州

桥的案例说明了我国砖石建筑已经达到可以大跨度建造的水平。

这一时期砖石结构的塔有进一步的发展，楼阁式砖塔、密檐式砖塔、单层塔都有遗存。现位于陕西西安的大雁塔为典型的砖石塔，是现存最早、规模最大的唐代四方楼阁式塔。该塔在各层以叠涩出檐，壁面隐出立柱开间，一二层为九间，三四层为七间，五六七层为五间。对比木结构体系的北魏永宁寺佛塔，大雁塔少窗，没有外圈走廊。同在西安的小雁塔是中国早期方形密檐式砖塔的代表作，原有十五层，现存十三层。塔的内部为空筒式结构，设有木构的楼层，有木梯盘旋而上可达塔顶。

五、群体建筑

隋唐时期不仅加强了城市的总体规划，宫殿和陵墓等建筑也更加突出建筑的空间组合，群体处理愈加成熟。含元殿的案例说明了这一时期建筑的群体布局已经能够利用地形和运用前导空间与附属建筑物来陪衬主体，强调了纵深轴线方向的主体陪衬手法。唐乾陵布局充分利用地形，依山凿穴，因山为陵，以山为阙。这个时期的陵墓不再使用秦汉时堆土为陵的办法，而是以梁山为坟，以墓前双峰作双阙，以依山势而向上坡起的路段为神道，并且在神道两边依次列石像生来衬托主体。乾陵充分体现了唐代建筑已经善于利用地形及前导空间衬托主体建筑的做法，这些做法深刻影响了后世直至明清的建筑布局。

第三节　五代时期建筑发展

唐末黄巢起义之后，藩镇割据开始普遍出现，部分实力雄厚的藩镇节度使被封为王，所建立的封国实际上是高度自主的王国。唐朝灭亡后，各地藩镇纷纷自立，其中地处华北地区、军力强盛的政权控制中原地区，形成五个依次更替的中原政权，这些政权虽然实力很强，但仍无力控制整个国家，属于藩镇型的朝廷。五代不是一个朝代，而是唐宋之间位于中原的一段特殊历史时期。五代的建筑主要继承了唐代的传统，少有新的创造，基本处于停滞状态，但佛塔建筑在唐代的基础上有所发展。

虎丘斜塔是唯一保存至今的五代建筑。虎丘斜塔位于江苏省苏州市虎丘山上，建于五代后周末期，落成于北宋建隆二年（公元 961 年），塔身设计完全体现了唐宋时期风格。虎丘斜塔被尊称为"中国第一斜塔"和"中国的比萨斜塔"。虎丘斜塔为套筒式结构，塔内有两层塔壁，仿佛是一座小塔外面又套了一座大塔。其层间以叠涩砌作的砖砌体连接上下和左右，这样的结构性能十分优良，虎丘斜塔历经千年斜而不倒。自虎丘斜塔之后的大型高层佛塔也多采用套筒式结构。虎丘斜塔的砌作、装饰等更为精致华美，如斗拱、柱、枋等都已不同于大雁塔那浅显的象征手法了，而是按木构的真实尺寸做出，斗拱出挑两次，形制粗硕、宏伟，斗拱与柱高的比例较大，门、窗、梁、枋等其他构件的尺度和规模都再现了晚唐的风韵和特点。

中国现存最古老的两座铁塔是广州光孝寺东西铁塔，两塔均为四方形，共七层，塔高 7.69 米，塔基为石刻须弥座，塔身上铸有 900 余个佛龛，初成时全身贴金，有"涂金千佛塔"之称。

第四节　宋代建筑发展

一、背景概述

宋朝建都开封，结束了自安史之乱以来的分裂局面，成为中国历史上的又一黄金时期。宋朝的政治体制大体沿袭了唐朝的，经济繁荣的程度可谓前所未有，各行各业均有重大发展，海外贸易发达。南宋时期江南地区成为经济文化中心。两宋在社会经济、文化发展的推动之下，科学技术也得到长足进步。两宋科技成就成为我国古代科技史的巅峰，在当时世界范围内居于领先地位。我国古代四大发明中的三项，活字印刷、火药、指南针都是在两宋时发明或开始广泛应用的，对整个人类文明发展产生了重大而深远的影响。

二、发展概况

宋代建筑具有很高的艺术和科学价值，它是在隋唐建筑艺术的基础上发展而来的，城市结构和布局更适应手工业和商业繁荣的需要，房屋建筑的尺度、比例有了科学的规定，装饰的技艺更为精美，园林建筑兴盛。宋代建筑艺术对海内外的建筑艺术产生了巨大影响[①]。

随着城市经济的发展，晚唐五代时的城市街道已经开始慢慢突破里坊制的桎梏，开始在临街设店。宋代的城市正式取消了唐代的里坊制度和集中的市场制，准许临街设店，此后的都市开始呈现出多样、丰富的面貌，也改变了都市规划的结构。宋东京汴梁，今之河南开封，是一个因大运河而繁荣的古都，宋画《清明上河图》对其进行了精彩的描绘，其采用了"三城相套、四水贯都"的总体布局，打破里坊制，取消夜禁制，城市结构和布局发生了根本性变化。

宋代建筑日渐趋向定型化与模数化，木构建筑在唐代结构发展成熟的基础上，为了增强室内空间的宽敞度，更好满足采光需求，在建筑结构上采用减柱、移柱

---

① 徐刚. 中国宋代建筑艺术探究[J]. 美与时代，2005（4）：55-57.

的做法，梁柱上方斗拱铺作层数增多，出现了不规整的梁柱，不同于唐朝工整的模式。建筑物的群体构成上出现了变化、丰富、自由的组合方式。宋朝建筑类型多样，较为杰出的建筑为园林、陵墓、宫殿和佛教建筑。园林设计追求意境表达，人工和自然融为一体。宋朝的建筑一改恢宏的特点，趋向于华美、细腻。建筑物的屋脊和屋角出现起翘之势，给人轻巧、柔美的感觉。彩画得到大量使用，窗棂、梁柱与石座的雕刻、彩绘十分丰富，柱子造型变化多端。

佛塔自东汉时期随佛教传播进入中国，随着宋朝对佛教的复兴，国家兴建了不少佛塔，大部分高佛塔常常位于郊外。这一时期还出现了中国最早的琉璃塔——河南开封佑国寺塔。宋朝著作《营造法式》总结了唐宋以前中国古代木构建筑的经验，并结合宋代木构建筑的实际情况，由此制定出一套系统的变造用材制度，蕴含着丰富的节约型设计的思想理念，成为元、明、清木构建筑的重要范本[①]。

三、群体组合

河北正定隆兴寺始建于隋代，在北宋时又建造了摩尼殿、转轮藏殿，寺院形成了中轴线布局，以大悲阁为主体，形成了南北方向变化丰富、气势磅礴的建筑群。寺院现存大小殿宇十余座，分布在南北中轴线及其两侧，高低错落，主次分明。山西太原晋祠是中国现存最早的古典宗祠园林建筑群，是宗祠祭祀建筑与自然山水完美结合的典范。晋祠在宋代经过了多次修缮和增建，最重要的是在天圣年间修建了规模宏大的圣母殿，至此不同年代的建筑要素形成了连续变化的空间序列，既像庙观的院落，又像皇室的宫院，建筑群体的组合方式灵活多样。上述两个案例在总体布局上都反映出宋朝时的建筑群通过加强进深方向的空间层次以衬托主体建筑。江南名楼滕王阁在历史上兴废频繁达 28 次，黄鹤楼自创建以来也经历了屡毁屡建，建筑形制在各朝皆不相同。但从宋画中可以看出，宋朝的滕王阁、黄鹤楼在建筑体量和屋顶组合的处理上很复杂，对设计和施工的要求也很高。

四、木构建筑

宋朝木构建筑采用古典的模数制，将"材"作为建筑的尺度标准。木构建筑的用材分为八等，量屋用"材"。建筑所有的部件尺寸都按规定来，省时省力，便于控制经费，用材制度作为政府的规定予以颁布。规定建筑等级，按质量高低进行分类，有利于区别对待，控制工料，节制开支，特别是在建筑量较大的情况下，更需要这种分类。《营造法式》在北宋刊行的最现实的意义是严格的工料限定，以杜绝腐败和贪污现象，因此书中以大量篇幅叙述工限和料例。《营造法式》揭示了北宋官式建筑木构建筑的方法，使我们在建筑遗存较少的情况下，对宋朝建筑有

---

① 杨浩.《营造法式》中的节约型设计思想研究[J]. 中华文化论坛，2014（12）：143-147.

较为详细的了解，以探究现存建筑中不曾保留的、现今已不使用的一些建筑设备和装饰。

从《营造法式》的内容上看，其中明确提出了模数思想的制定和运用，如图 8.3 所示。《营造法式》大木作制度开篇便规定，建造房屋"以材为祖，材有八等"。"单材"高为 15 分，宽为 10 分，1 分即为材宽的 1/10，为材的最小单位，并被用作房屋高度进深、构件长短、外观轮廓、制图放线等的基本度量单位。栔高 6 分，此亦是拱木或叠枋之间的距离。材高加栔为"足材"①。《营造法式》颁布以前的唐、宋、辽遗构中已可见以拱断面为"材"基准的诸多实例②，但这是模数制首次作为法规被确定下来。在模数思想的基础上，《营造法式》还体现出了设计的灵活，留有"随宜加减"的余地。《营造法式》对建筑的技术经验进行了较为全面的总结，并且对结构和装饰的做法说明都有涉及，体现了建筑生产管理的严密性，便于控制造价和施工质量，提高工作效率，成为后世历代官式建筑演进的重要基础。

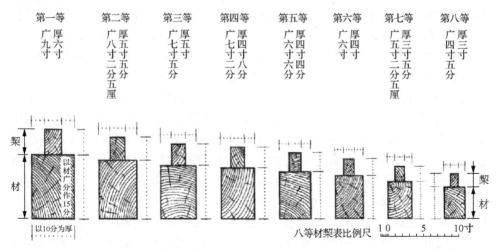

图 8.3　宋代"材分"制

五、砖石建筑

宋代的砖石建筑达到新高度，建筑类型主要是佛塔和桥梁。这一时期木塔已经较少建造，绝大多数都是砖石塔。宋代发展出平面八角形、供登临远眺的砖石楼阁式塔，其塔身呈筒体，墙面和檐部采用仿木或木构屋檐。河北定县开元寺料敌塔是典型的北宋砖塔古建筑，由于河北定州是历史上宋、辽交界的军事重镇，宋朝利用此塔瞭望敌情，故又称料敌塔。塔身八角形，共 11 层，高 84 米，是我

---

① 常青. 想象与真实：重读《营造法式》的几点思考[J]. 建筑学报，2017（1）：35-40.

② 中国科学院自然科学史研究所. 中国古代建筑艺术史[M]. 北京：科学出版社，1985：67-108.

国现存最高的砖塔。塔身有内外两重，两重之间有游廊，有砖阶可以直达顶层。河南开封佑国寺塔是仿木构的楼阁式砖塔，内部用砖砌筑，塔身外部砌筑仿木结构的门窗、柱子、斗拱、额枋、塔檐、平座等。塔身的外壁镶嵌有色泽晶莹的琉璃雕砖，雕砖图案内容丰富，工艺精巧。佑国寺塔是我国现存最早的琉璃塔。福建泉州开元寺中宋代建造的双石塔（仁寿塔和镇国塔），体形庞大，出檐深远，显示出我国古代高水平的石工技艺。仁寿塔原为 7 层木塔，后毁于火又改建为砖塔，每层塔身之外，均设平座栏杆，构成环绕外廊，供人们出塔眺望。总体看来，砖石技术在这一时期的发展并没有摆脱对木构形式的模仿，赞叹中国古代砖石塔工艺精巧的同时，又不禁叹息这些砖石建筑始终没有发展出符合自身材料特性的建构方式。

六、装修与色彩

　　唐、宋同为中国历史上的黄金时代，唐朝的建筑呈现出舒展、大气，而宋朝的建筑则表现出秀丽、精巧。唐代建筑的柱础矮平，柱身较矮，举折平缓，斗拱尺寸大，建筑出檐深远，整体造型舒展、大气。宋代建筑的柱身加高，举折变陡，斗拱尺寸相对减小，补间铺作的数量增加，屋顶组合多样化，装饰丰富多彩，雕刻也很精美，建筑十分秀丽、精巧。从颜色上分析，唐朝建筑的色彩以红、白、灰色（黑）为主，明快而端庄。宋朝建筑的色彩更加绚烂而富于变化。唐代的门窗采用板门与直棂窗，线条简洁不尚装饰。宋代则采用格子门、格子窗、阑槛钩窗，处理得更为细腻。唐朝天花的做法是平暗，在梁下用天花枋组成木框，框内放置密且小的木方格，隐藏建筑的梁架。宋朝的做法则是平棋，在大的方木格网上置板并且遍施彩画，或者在重要建筑中将室内顶棚做成向上隆起的井状，饰以花藻井纹、雕刻和彩绘。唐朝的木装修不成熟，因此室内分隔多采用织物，而宋代的《营造法式》中则列出了小木作制度，说明这一时期室内的木装修已经定型化、精致化。唐以前人们席地而坐，室内空间的尺度低矮，宋代人已经改为垂足而坐，随着高桌椅家具的出现，室内空间的高度也随之升高。

七、园林建筑

　　由唐至宋的几百年间，大批私家园林纷纷涌现，园林从统治阶级的奢侈品转变为士族阶级的奢侈品。而更重要的是在园林数量变化的背后，造园思想也在逐步发生质的变化①。这个时期的园林建筑效法自然而又高于自然，形成写意山水园林，并且在形式上也更加类型化。宋朝特别注意对自然美景的利用，主张逢石留景、见树当荫、依山就势、按坡筑庭、因地制宜地造园，从园林中能够直观地看

---

① 齐君. 宋代园林自发性类型学研究[J]. 中国园林，2016，32（12）：112-116.

到园主的文化立场。

　　洛阳作为宋的陪都，官僚贵族在这里营建了许多园林。《洛阳名园记》中，李格非介绍了19个洛阳名园，多数是在唐朝园林基础上发展过来的，但是园林已经独立于住宅而存在，专供官僚富豪游赏宴会。宋代的写意山水园林以汴京西北部的"寿山艮岳"为突出代表，这座园林的设计者就是宋徽宗本人，他擅长书画，造园之前先构图立意，然后根据画意施工建造。宋徽宗在位时，命人专门搜集江浙一带奇花异石进贡，号称"花石纲"，载以大舟，挽以千夫，凿河断桥，运送汴京，营造艮岳。以艮岳为代表，将写意山水园因地制宜地建造在城市，称为城市园林。宋朝园林建筑的发展为我国明、清时期造园技艺发展到炉火纯青的地步打下了坚实的基础。

第五节　辽、金、西夏建筑发展

　　辽代建筑主要承继了唐代建筑的风格，相较于当时受南方影响而风格秀丽的北宋建筑，辽代建筑继承了北方晚唐时期的建筑特点。辽代建筑的屋面举高平缓，比起同时期的北宋建筑，用材较大，近似唐代。不论大木、装修、彩画，还是佛像都反映出唐代建筑风格。从独乐寺的山门和观音阁、佛宫寺释迦塔等木构建筑能够清楚地看到辽代建筑对唐代建筑的继承。

　　金代建筑具有一定的创造性，采用大额的承重梁架，大量采用减柱、移柱做法是金代的首创，对元代建筑颇有影响。在金代建筑中，宫殿主要体现出两方面的特点。第一方面，金代宫殿屋顶多采用的是九脊歇山式。第二方面，在宫殿周围和宫殿之间还会设计较多的回廊，在金代宫殿中这一特点体现得十分明显[1]。金中都建设规模宏伟，用汉白玉做宫殿台基处的栏杆，装饰色彩华丽，奠定了元、明宫殿建筑风格。

　　在西夏统治者统治的近200年间，西夏的建筑艺术，经过了继承、变化和发展时期，特别是在陵墓建筑上，造型上具有民族特征、民族风习，从内容到形式都显示了一种新的风格，主要是在艺术技法上有一定的成就[2]。西夏佛教建筑中保存最多的是佛塔，西夏石窟也是在继承前代的基础上发展起来的，新开凿的石窟少，主要贡献是修饰前代石窟。此外，这个时期在砖瓦的使用方面有严格的等级

　　① 高松. 金代建筑的特征研究[C]//《决策与信息》杂志社，北京大学经济管理学院. "决策论坛——经营管理决策的应用与分析学术研讨会" 论文集（上）.《决策与信息》杂志社、北京大学经济管理学院；《科技与企业》编辑部，2016：1.

　　② 马文明. 西夏建筑艺术与中原建筑文化的关系[C]//中国古都学会. 中国古都研究（第九辑）——中国古都学会第九届年会论文集. 中国古都学会，1991：11.

制度，花纹砖是西夏建筑中较具特色的装饰物。

通过梳理封建社会中期的建筑发展，不难发现以唐宋为代表，这一时期的建筑发展已经进入成熟时期。建筑的成熟在横向上表现为木构、砖石、装饰、技术、施工等各个方面的迅速发展，在纵向上表现为主流木构体系的真实与有机。一种建造体系达到成熟的标志就是没有多余的装饰构件，满足力学性能的同时，在建筑形式上自然呈现出力学的美感。中国的砖石体系一直没有摆脱模仿木构的套路，一方面确实由于中国传统木构足够成熟完善而处于强势地位，另一方面也因为中国的砖石建筑没有找到符合自身建造逻辑的美学表达。相比于砖石结构的房屋，隋代的赵州桥就是一部结构与形式高度统一的作品，建造方式和外观样式都完全符合石材的特性。一座建筑不能过分依靠附加的装饰和装修来呈现出最终的形态，因为这些附加的部分一方面掩饰了建筑的建构逻辑，另一方面也增加了工程量和造价，可见材料和建构的真实性仍旧是当代中国建筑的重要议题。

拓展阅读书目

1. 史向红. 中国唐代木构建筑文化[M]. 北京：中国建筑工业出版社，2012.
2. 陈军. 透镜中的宋代建筑[M]. 武汉：华中科技大学出版社，2015.
3. 袁琳. 宋代城市形态和官署建筑制度研究[M]. 北京：中国建筑工业出版社，2013.
4. 王书艳. 唐代园林与文学之关系研究[M]. 北京：中国社会科学出版社，2018.
5. 马克·布洛赫. 封建社会（上卷、下卷）[M]. 李增洪，侯树栋，张绪山，译. 北京：商务印书馆，2004.
6. 宁可. 中国封建社会的历史道路[M]. 北京：北京师范大学出版社，2014.

第九章　封建社会晚期建筑

第一节　封建社会晚期发展概况

封建社会晚期是指元、明、清三个朝代，社会的政治、经济、文化的发展相对迟缓，建筑发展较为缓慢。元朝是蒙古族建立的王朝，结束了宋、金、西夏等诸多政权对峙的局面，实现了全国统一。此时期的建筑大量采用减柱做法，正式建筑采用满堂柱网，藏传佛教建筑也有了新发展。官式建筑中斗拱作用继续减弱，斗拱比例更小，补间铺作增多。由于蒙古族传统，元朝皇宫出现了若干盝顶殿、棕毛殿和畏兀尔殿等，都是不同以往的做法。明朝建筑样式上承宋代《营造法式》的传统，下启清代官式的工程做法。建筑设计规划规模宏大、气势雄伟。明初的建筑风格与宋代、元代相近，古朴雄浑，明代中期的建筑风格严谨，而晚明的建筑风格趋向烦琐。清代建筑大体上沿袭明代，有一定的发展创新，建筑物更加精巧华丽。中国在清代晚期还出现中西合璧的做法。清代君王大规模兴建皇家园林，群体布局、装修做法成熟。园林建筑在因地制宜、结合地形、空间处理等方面具有很高水平。藏传佛教建筑兴盛，突破过去寺庙建筑单一的处理方式，创造了丰富多彩、造型多样的建筑形式。

第二节　元代建筑发展

一、背景概述

蒙古族建立了元朝，拥有广阔的疆域，但前期在战争过程中大肆屠杀、掳掠、圈地，使得两宋高度发达的经济文化被摧残，建筑也逐渐凋敝。元世祖忽必烈时期，社会生产逐渐恢复，在金中都的北侧建造了规模宏大的元大都。木构建筑虽然继承了金、宋的传统，但建筑规模和质量都逊于两宋。由于元朝统治者提倡藏传佛教，因此内地出现藏传佛教寺院，著名的有北京妙应寺。京杭大运河作为中国重要的南北水上干线，经过元朝的拓宽整治，才达到了今天的规模，成为世界上最长的人工河。

二、城市建设

元大都新城规划最有特色之处，便是以水为中心来布置城市的格局，这可能和蒙古游牧民族逐水草而居的传统习惯有关。元朝保留了金中都的旧城，在东北方向另建新城，总体上形成了宫城、皇城、大城三城相套的格局。十一座城门均设瓮城，城垣四角建角楼，外环挖护城河。皇城居大城南部中央，宫城在皇城内偏东部位，处于大城中轴线上。城市规划不受旧格局的约束，所以其居民区与金中都新旧坊制混合形式不同，全部为开放的街巷。由于宫室采取了环水布置的格局，新城的南侧又受到旧城限制，城市不得不向北推移。元大都新城中的商市分散在皇城四周的城区和城门口居民集结的地带。

城市规划将太液池纳入皇城范围，环绕水面布置宫城和宫殿，从而确定了皇城偏西、偏南的位置。积水潭位于全城中部，中心阁作为城市的几何中心就设在积水潭东侧。元大都开发了两个系统的河湖水系：一是开挖从积水潭连通大运河的通惠河，二是开挖金水河。全城采用棋盘式街巷布局，南北向街道纵向贯穿，受皇城、积水潭阻隔东西向街道形成若干丁字街。全城共五十坊，但无坊墙、坊门，不同于过去的里坊制。南北向大街之间平行分布胡同，胡同宽 5～7 米，胡同之间相隔 70 米。这是中国古都中唯一全面按街巷制创建的都城。元大都城市布局严整有序，为明清都城奠定了基础。

三、木构建筑

元代的木构建筑继承了宋代和金代的传统，但是无论是质量还是规模都显逊色。特别是在北方，普通寺庙建筑建造简陋，常采用天然弯木料做梁架，很多过去建筑做法中的构件都被简化。寺庙、殿宇中，室内大胆地抽去了若干根柱子，即采用了"减柱法"。这些做法都是木构建筑在梁架和柱网的做法上进行了自由化处理的结果，除此之外，木构技术还发生了一些改变，例如，减弱了斗拱在结构上的功能，在用材上明显减小了尺寸，斗拱的装饰作用增强，补间铺作也增多了。室内的斗拱很多被取消，柱子和梁架的交接关系更加直接，梁柱间的联系加强了，梁的断面尺寸有所增大。建筑中用直梁、直柱代替了月梁、梭柱，室内不做天花，反映出当时的社会凋零和经济不发达。

山西芮城的永乐宫始建于元代，前后共经过 110 多年的施工才建成，这是一个规格宏大的道教宫殿式建筑群，是国内现存最大的元代建筑群。永乐宫建筑群是典型的元代建筑风格，粗大的斗拱层层叠叠地交错着，四周雕饰不多，与明、清两代的建筑相比，显得较为简洁、明朗。永乐宫的三清殿作为主殿，内部采用了减柱做法，仅保留了八根柱子，如图 9.1 所示。从立面比例上来看，屋顶和屋身加台基的高度比例为 1∶1，斗拱高度仅为檐口高度的 1/7，屋檐的出檐深度为檐口高度的 2/7，台基高度为檐口高度的 2/7。明显能够看出斗拱部分的萎缩趋势，台基部分的高起，建筑的形象虽不及唐宋舒展，但是仍然保留了升起的做法。

山西洪洞广胜下寺的主要建筑都建于或重建于元代。后大殿的室内柱网布置不仅采用了减柱做法，还采用了移柱的做法，并且使用天然弯曲的木材在斜向进行搭接。这种简化、草率的做法虽然是在社会经济凋敝的环境下所采取的一种节省措施，但是仍然具有一定的积极意义，加强了木构的整体性和稳定性，可以看作是中国古代木构技术的创新性尝试。

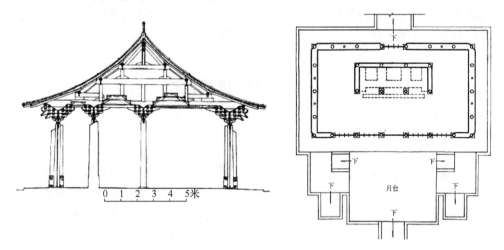

图 9.1　永乐宫三清殿剖面图及平面图

四、宗教建筑

元世祖崇信佛法，在大都城西南修建了大型喇嘛塔——妙应寺白塔，由当时尼泊尔的建筑师及工艺美术家阿尼哥主持修建，是我国现存最大的一座覆钵式塔。妙应寺白塔由塔基、塔身和塔刹三部分组成。塔基分为三层，下层为平台，上层为重叠的须弥座。塔基上方有硕大的覆莲座和金刚圈，承托高大的圆形白色覆钵体塔身。塔身上方是塔颈和相轮 13 天，相轮顶冠以铜制的华盖和宝顶。

泉州清净寺是我国现存最早的、具有阿拉伯建筑风格的伊斯兰教建筑。中国的主流建筑一般采用土木结构，宗教在中国传播的过程中，建筑经过数代的改建重修，很多庙宇与最初的形式已经大相径庭，最终演变成了标准的中国殿式建筑。清净寺为石构建筑，耐久性好，所以能保存千年，保留了很多原始信息。杭州凤凰寺也是我国著名的清真寺之一，创建于唐朝，宋朝时被毁，元朝重修，明朝再次重修。

这一时期道教受到统治者青睐，兴建了一定规模的道观，前文提到的永乐宫就是一例。在建筑总体布局上，永乐宫由南向北依次排列着宫门、无极门、三清殿、纯阳殿和重阳殿，东西两面不设配殿等附属建筑物；在建筑结构上，使用了宋代《营造法式》的相关做法和辽、金时期已经出现的"减柱法"；在建筑装饰上，宫殿内部墙壁布满艺术价值极高的壁画。

五、水利工程

元朝定都大都（今北京），为了将粮食从南方运到北方，先后开凿了三段河道，将过去的横向运河修建成纵向大运河，改变了原来以洛阳为中心的格局。元代的京杭运河北起北京，南至杭州，连接海河、黄河、淮河、长江、钱塘江五大河流，经过北京、天津、河北、山东、河南、江苏和浙江等省市，沿线经济发达。

第三节　明代建筑发展

一、背景概述

明朝是在元末农民起义的基础上建立的封建王朝，这一时期的城市规划和宫殿均被后世沿用，北京和南京都经过明代的规划经营，清朝宫殿也是在明朝基础上进行扩展完善。木构建筑在元代经过简化，在明代形成新型的木构架，斗拱结构作用进一步减弱，梁柱结构的整体性加强，在做法上已经普遍化、定型化。这一时期琉璃砖瓦的制造技术进一步提高，用白泥制坯，经过烧制，质地更加细密且坚硬，强度高不吸水。琉璃面砖也广泛应用于塔的建造中。建于明成祖时期的南京报恩寺塔，就是极具代表性的楼阁砖塔外包琉璃砖。山西洪洞广胜寺飞虹塔、山西大同九龙壁都是明代琉璃工艺的代表作。江南一带经济文化水平较高，特别体现在官僚地主私园的发达上。建筑物群体布局更成熟，善于利用地形布置环境来烘托气氛。官式建筑的装饰、装修更加定型化。

二、城市建设

明初太祖朱元璋定都于南京，南京北倚长江，南有秦淮河绕城而过，钟山龙蟠于东，石城虎踞于西，北有玄武湖。明南京从内到外由宫城、皇城、京城、外郭四重城墙构成。经历了数百年的沧桑，宫城、皇城、外郭三圈城墙已毁坏殆尽，唯有高大的京城墙依然屹立。京城的 13 座城门均设瓮城，其中三山门、聚宝门、通济门设三重瓮城。明南京背山面水、左祖右社，御道两侧布置五府五部，正阳门外布置礼制建筑，对明清北京的布局影响深远。明成祖永乐元年（1403 年）改北平为北京，永乐四年（1406 年）开始筹建，永乐十九年（1421 年）正式定都北京。明代北京城在元大都的基础上改建，北墙南缩五里，南墙南移二里，宫城和皇城进行了重建。嘉靖三十二年（1553 年）开始修筑外城，但却由于经济原因仅筑成南侧一面。至此，北京城基本轮廓已形成，由内而外依次是宫城、皇城、内城和外城。宫城即紫禁城，也就是明清北京的故宫，位于内城中部偏南。清代紫禁城内的建筑虽多有重建，名称也有变迁，但基本上维持了明代的规模。

三、木构建筑

中国古代建筑始终沿着固有传统向前发展，经过元代的简化，明代时形成了新的木构架，在平面布局中继承了唐宋的特点，在构造做法上又受到了元代的影响。斗拱在整体结构中的作用减小，梁柱整体性加强，构件的卷杀做法简化。元代建筑中这些特征已经出现，但是在明代更加定型化、普遍化。建筑屋檐出檐减小，斗拱作用减弱，结构上利用向外挑出的梁承托屋檐，梁头上直接搁置挑檐檩，这些都是宋代建筑没有充分利用的做法。此时的斗拱不再像宋代建筑上那样起到重要的结构作用，包括起到出挑作用的斜向构件——昂也演化为装饰。宫殿、庙宇等重要建筑追求华丽的外观形象，斗拱的结构作用虽然已经逐渐消失，但斗拱的外观趋向于繁密的装饰。官式建筑为了简化施工，生起和侧脚这些在宋代建筑中常见的做法都有所减弱。建筑没有金元时期大胆、潦草的减柱做法，但是平面布置上还是受到了一定影响，梭柱、月梁被直柱、直梁所代替。明代的官式建筑形象稳重、严谨，不像唐宋般舒展、开朗。各地民间建筑在这个时期得到发展，总体技术水平有所提高。

北京先农坛太岁坛拜殿殿内北部减去金柱四根，如图 9.2 所示，其木构架结构与宋《营造法式》的"八架椽屋乳栿对六椽栿用三柱"类同，彻上明造。屋面单檐歇山式，黑色琉璃瓦和绿琉璃瓦剪边。檐柱头有卷杀。斗拱为五踩单翘单昂镏金斗拱，明间及次间补间斗拱六攒，稍间及尽间为四攒，四周共用柱头斗拱十八攒，角科斗拱四攒，补间斗拱八十四攒。此案例充分地反映出明代木构建筑梁柱体系的进一步简化和改进。北京先农坛太岁坛拜殿的外观形象严整平直，屋面陡峻，斗拱繁密。

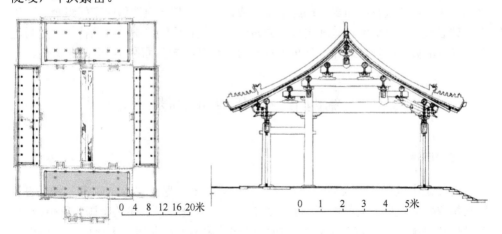

图 9.2　北京先农坛太岁坛拜殿平面图及剖面图

四、砖构建筑

虽然早在春秋时期，中国就已经有了用砖的记载，但是直到明代，砖才普遍应用在民居砌墙。元代之前，塔、地下墓室、水道中也有大量用砖，但是木构建筑的墙体还是以土墙为主，只有在建筑的地面铺地、台基、墙基才用砖。砖墙在明代得以普及，并且这一时期空斗墙的做法得以推广，不仅能够节省用砖量，而且墙体自重轻，隔热、隔声性能好，可大量用于建造民居和寺庙，在长江流域、西南地区应用较为广泛。砖细和砖雕在明代已经成熟，长城也是砖包砌筑，并且出现了全部用砖拱砌成的无梁殿，硬山屋面也是在这一时期出现的，砖墙的发展为普及硬山建筑提供了条件。这一时期的琉璃砖采用白泥制胚，砖的质地细密坚硬，强度较高，不易吸水。明南京大报恩寺塔被西方传教士称为中国瓷塔，为九层高的楼阁式塔，主体为砖砌塔，表面全部镶嵌带榫卯的预制琉璃构件。明代的琉璃工艺在预制拼装、色彩质量、品种等方面均达到了前所未有的高度。现存山西洪洞广胜上寺飞虹塔，重建于明代后期，除底层为木回廊外，其他均用青砖砌成，此塔尺度虽小，但表现出当时琉璃制作技术的高超水平。

五、群体建筑

明代建筑群体的布局更加成熟，善于利用地形和环境来烘托气氛，明孝陵和明十三陵都是典型的案例。明孝陵因地制宜，结合地形设计了弯曲神道，被数十里松柏包围其中。明十三陵则选取了山环水抱的基址，采用较直的共用神道，气势宏伟，体现出陵墓建筑与自然环境的高度融合。明代建成的天坛通过环境的陪衬、轴线的强化、视点的提升以及象征手法的运用，烘托出封建统治者祭天时神圣、崇高的气氛。明代故宫的布局也已经基本形成，这一时期建筑群体的空间组合进一步把封建君权强化到极致，呈现出等级异常严格、气氛极端严肃的布局特征，是封建君主专制的典型产物。此外，分布在各地的宗教建筑群也涌现出很多经典案例。

第四节　清代建筑发展

一、背景概述

清朝是中国历史上最后一个封建王朝，康、雍、乾三朝走向鼎盛，统一的多民族国家得到巩固。清朝中后期由于政治僵化、文化专制、闭关锁国、思想禁锢、科技停滞等因素逐步落后于西方。唐宋时期的屋顶柔和曲线、大出檐、大斗拱、粗柱身、生起与侧脚等做法已逐渐消失，建筑不再追求自身的结构、构造、逻辑的美学，而更重视建筑组合、形体变化及细部装饰。清代的都城北京基本上保持了明朝时的原状，因沿用了明代的帝王宫殿，清代帝王兴建了大规模的皇家园林，包括圆明园、颐和园。这一时期园林建筑在结合地形、造型变化等方面都具有很高水平。建筑技艺有所创新，包括玻璃的引进、砖石技术的进步等。民居建筑也呈现出丰富的面貌，自由式建筑品类繁多。在清政府的提倡下，藏传佛教建筑得到大批兴建，这些佛寺造型多样，打破了过去单一的程式化做法。清代晚期还出现了中西合璧的新建筑形象。

二、木构建筑

清代在明代建筑定型化的基础上，用范式将官式建筑固定下来，清工部颁布的《工程做法》对于清代官工经营管理起着关键主导作用。《工程做法》将房屋建筑划为大式、小式两种做法，明确标注着建筑的等差关系。全编包括 27 种不同类型的房屋建筑范例，订为大式做法的 23 例，小式做法仅 4 例[①]。大式建筑以斗拱的斗口作为其他构件的尺寸标准，如图 9.3 所示，建筑依照斗口尺寸的不同分为 11 个等级。书中囊括了 17 个专业的内容，是研究清初建筑技术相当完备的资料。清政府还组织编写了多种做法则例、做法册等辅助资料，民间匠师亦留传下不少工程做法的抄本。清政府的工程管理部门特设样式房及算房，主管工程设计、核销经费，对提高工程管理质量起了很大作用[②]。很多清代著名工程师就出自此，如样式房的雷发达家族及算房的刘廷瓒等人。清代的木构建筑在总体上简化了单体设计、着重提高群体与装修的设计水平。

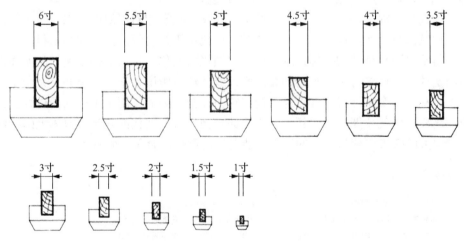

图 9.3 清式建筑斗口的 11 个等级

---

① 王璞子. 清工部颁布的《工程做法》[J]. 故宫博物院院刊，1983（1）：49-55.

② 中国古代的建筑标准著作[J]. 世界标准信息，2008（9）：26.

三、园林建筑

清朝的园林建筑达到了鼎盛期，清代帝王园囿规模大、数量多，是历史上任何朝代都不可比拟的。在清代前期，扩建了西苑三海，在西郊建畅春园，在承德修建避暑山庄，又在西北郊大兴土木。清朝各代皇帝大多数时间在园中居住，园囿也往往是宫廷所在地。在皇帝的影响下，各地的官僚、富商也竞相建造园林。明朝宫城在元朝宫殿的位置基础上向南移动，因此皇城城墙也随之南移，为丰富皇城园林景观，开挖了南海。清代还利用清华园残存的水脉山石，在其旧址上仿照江南山水营建了畅春园，作为皇帝在郊外避暑听政的离宫。为防止水患，还在园西面修建了西堤，就是今颐和园的东堤。畅春园追求自然朴素的造园风格影响了之后落成的避暑山庄和乾隆扩建之前的圆明园等皇家宫苑。避暑山庄的建造历经清康熙、雍正、乾隆三朝，耗时八十九年，兼具山村野趣、山水本色、江南风景、塞北风光，是中国现存最大的古代宫苑。避暑山庄分宫殿区、湖泊区、平原区、山峦区四大部分，整个山庄东南多水，西北多山，是中国自然地貌的缩影，是中国古典园林之典范。清朝乾隆皇帝继位以前，在北京西郊一带，建起了四座大型皇家园林，包括前面提到的畅春园、圆明园和静宜园、静明园。颐和园是三山五园中最后兴建的一座园林，原本作为帝王的行宫、花园，前身是清漪园，是乾隆十五年（1750 年）皇帝为孝敬其母后所建。清漪园的建设将其两边的四个园林连成一体，形成长达 20 公里的皇家园林区。

封建社会晚期，中国的政治、经济、文化都处于相对迟缓的状态，建筑的发展也比较缓慢，尤其以元代和清末最甚。元代由于社会经济的凋零和木材的短缺而不得不采取种种节约措施，木构架建筑被极大简化，反而加强了建筑的整体性和稳定性。所以这种由于社会的衰落而采取节约对策所带来的结果并不完全是消极的，从另一个角度可以看作是木构建筑在社会外力的作用下不得已而进行了创新，这样，明代才能够形成新型、简明的木构样式。清代的建筑在单体上始终没有产生大的突破，建筑设计的工作主要是提高群体组合及装修水平。

拓展阅读书目

1. 郭超. 元大都的规划与复原[M]. 北京：中华书局，2016.
2. 夏咸淳，曹林娣. 中国园林美学思想史：明代卷[M]. 上海：同济大学出版社，2015.
3. 王越. 明代北京城市形态与功能演变[M]. 广州：华南理工大学出版社，2016.
4. 方晓风. 清代北京宫廷宗教建筑研究[M]. 沈阳：辽宁美术出版社，2018.
5. 王时伟. 清代官式建筑营造技艺[M]. 合肥：安徽科学技术出版社，2013.

第十章 各类型建筑发展演变规律

第一节 宫殿建筑发展

一、概述

宫殿是中国古代等级最高的建筑类型，其规模宏大，形象壮丽，格局严谨，给人强烈的精神感染，凸显王权的至高无上。在最初的时候，"宫"与"殿"并不是皇帝所居建筑的专称，而是上至帝王，下至百姓的居室一律可以称为"宫"，也就是"房屋"的意思。直到秦始皇统一了中国，"宫"与"殿"就成了皇帝所专用的建筑和建筑群的名称。"殿"是举行典礼仪式或处理政务的地方，"宫"是用来生活起居的地方。宫殿型庭院的主要特点体现在平面布局的严谨、空间体量的庞大、庭院空间的完整、等级规范的森严上。作为中国古代最高贵的建筑物之一，历朝历代都耗费了大量的人力、物力和财力，使用最成熟的技术来营建宫殿建筑群。

二、宫殿发展

1. 茅茨土阶

即便是最高贵的宫室在瓦发明以前也是采用茅草盖顶和夯土筑基。在河南洛阳偃师二里头夏代宫殿遗址、湖北黄陂盘龙城商朝宫殿遗址、河南安阳殷墟商代遗址中都发掘了夯土台基，但是没有瓦的遗存，由此说明夏、商两代都处于茅茨土阶的原始时期。西周时期陕西岐山凤雏村的宫室遗址中出土了瓦，但是数量不多，据推测只用于建筑檐部和脊部。春秋战国时期，瓦才广泛用于宫殿。

2. 高台宫室、三朝五门

伴随着瓦的广泛应用，各国诸侯竞相建造高台宫室，从多处故都考古发掘中都发现高台宫室的遗址。高台上部的木构建筑是一种体型复杂的组合体，不是庭院建筑。建筑已经彻底摆脱了茅茨土阶的简陋状态，配以灰色筒瓦。随着木构建筑技术的进步和奴隶社会的瓦解，高台建筑逐渐被淘汰，但是高台宫室的遗风却长盛不衰，直至明清故宫的太和殿仍然呈现出"高台榭、美宫室"的传统宫室建筑美学观。秦国早期都城雍城遗址呈现组合式结构，显现"五门""五院""前朝后寝"的格局，建筑设有前殿、大殿、寝殿。这一布局初步显现出秦早期传承周制，为寝庙合一，后来发展成庙、寝分开且平行，再演变到后来为突出天子之威，朝寝于国都中心，而将宗庙置于南郊的情形。东汉郑玄注《礼记·玉藻》曰："天子及诸侯皆三朝。"又注《礼记·明堂位》曰："天子五门，皋、库、雉、应、路。"这就是"三朝五门"，如图 10.1 所示，与雍城遗址呈现出的布局相似。随着时代变迁，三朝的称谓也不断变化，周称：外朝，治朝，燕朝；唐称：大朝，常朝，入阁；宋称：大朝，常参，六参及朔望参（每五日及朔、望一参）。也就是指大规模礼仪性朝会、日常议政朝会和定期朝会三种。皋者，远也，皋门是王宫最外一重门；库有"藏于此"之意，故库门内多有库房或厩棚；雉门有双观；应者，居此以应治，是治朝之门；路门为燕朝之门，门内即路寝，为天子及妃嫔燕居之所。自战国以后，都城宫室制度中循此制者已无几。

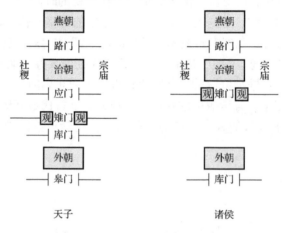

图 10.1　天子五门和诸侯三门布局

3. 前殿与宫苑相结合

秦始皇在统一全国的过程中吸收了关东六国的宫殿建筑模式，在咸阳仿建了六国的宫室，扩建了皇宫。滔滔的渭水穿流于宫殿群之间，十分壮观。整个咸阳城离宫别馆，亭台楼阁，"覆压三百余里，隔离天日"，各宫之间又以复道、甬道相连接，形成当时最繁华的大都市。汉长安各宫围以宫墙形成宫城，宫城中又分布着许多自称一区的"宫"，其间自由布置池沼、树木、台殿等，富有园林气息。未央宫现存前殿台基残高达 14 米，反映出受到了高台遗风的影响。历代宫殿建筑的布局总结起来主要有两种模式：一种是在中轴线排列建筑物的"周制"，突出实体前后排列的实轴线；另一种就是两宫分立的"秦制"或"汉制"，呈现出中间为虚的轴线关系。三国两晋南北朝时，在正殿两侧设东西厢或东西堂，横向布置，可视为上述两种轴线做法的结合。东晋南朝建康宫殿布局中不仅采用了东西堂制——礼仪性主殿（大朝）与日常使用的东西堂（常朝）并置，还采用了骈列制——殿宇与处理政务的中枢机构在宫城中并列布局。

4. 纵向布置三朝

隋文帝兴建大兴宫，追随周礼，纵向布置三朝，如图 10.2 所示。与三国两晋南北朝时期相比，原来的东西堂制改变为三朝纵向排列，即礼仪空间与朝政空间分离，并且废除了骈列制，即废除殿宇与处理政务的中枢机构在宫城中并列布局的制度。朝区为办公区，用于处理国政、举行大典，是国家政权的象征；寝区为住宅区，用于生活起居，是家族皇权的象征。唐高宗时迁居大明宫，沿轴线布置了含元殿、宣政殿、紫宸殿。北宋汴京皇宫依次布置大庆、垂拱、紫宸三殿，但由于地形的限制三殿前后不在同一轴线上。明朝初期，明太祖朱元璋有意附会周制，南京宫殿仿照"三朝"做三殿：奉天殿、华盖殿、谨身殿，并在殿前做五重门：奉天门、午门、端门、承天门、洪武门。大明初宫殿除了附会"三朝五门"的做法，还按周礼"左祖右社"在宫城之前东西两侧设置太庙及社稷坛。明北京宫殿布局一如南京，但是"三殿"和"三朝"已无多少对应关系。

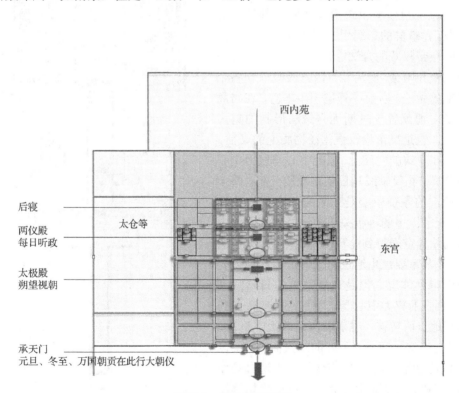

图 10.2 隋大兴宫布局

三、案例分析

　　故宫是目前世界上现存的规模最大的
古代木构建筑群。如图 10.3 所示，从基本
格局上看，布局严整、规模宏伟，中轴线和
与之平行的次要轴线一同控制超大规模的
建筑群。中轴线贯通着整个故宫，并且和城
市中轴线重合。前三殿、后三宫都位于这条
轴线上，中轴线两旁对称分布了众多殿宇。
故宫分为外朝和内廷，外朝以三大殿为核
心，以文华殿和武英殿为两翼。内廷以后三
宫为中心，以东西六宫为两翼。宫城四角有
精巧美观的角楼，周围环绕高 10 米的宫墙，
墙外围有护城河。

　　故宫建筑群吸收前朝做法并有所创新，
成为象征封建集权统治与严格礼制秩序的
典范。建筑群的布局用礼制来强化宫殿所象
征的皇帝权威的合法性，尤其是对三朝五门
的恢复和附会。明清北京故宫吸收前朝各个
时期的做法，宫前序列进一步丰富，在布局
上是对前朝各个时期优秀做法形制的集大
成者，也是皇帝集权强化在物质上的表征。

　　在建筑的空间上，象征中心与权力中心
相分离，礼仪轴线与日常路径相分离。整个
建筑群的象征中心是三大殿，在重大礼仪
中，天子臣下的等级关系通过以太和殿为中
心的差异空间得到诠释，太和殿作为天子的
象征，其重要性也通过建筑体量等一系列处
理而得到体现。但是在紫禁城的日常活动
中，真正的权力中心既随着皇帝处理政务的
真正地点而转移，也随着宫廷政治中皇帝、
大臣、宦官之间权力争夺的结果而转移。以
养心殿为例，康熙年间曾作为宫中造办处作
坊，自雍正皇帝居住于此，造办处作坊逐渐
迁出，这里便成为皇帝寝宫。到乾隆年间又

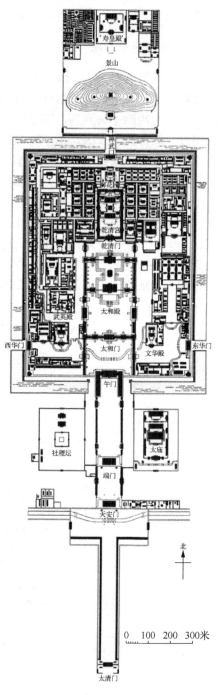

图 10.3　北京故宫平面布局

加以改建，成为一组多功能建筑群。由此可见，乾隆年间整个故宫的权利重心明显偏向养心殿。

门作为空间序列中空间的起始与转换，在建筑群的布局中有特殊的意义。明清时期，皇帝登基，册立皇后等重大庆典时，在天安门举行颁诏仪式。皇帝颁发重大命令时，要在天安门上举行一套隆重烦琐的仪式，才能向全国各地颁发，表明天安门在统治者心中具有显赫的政治地位。故宫有四个大门，门是皇家建筑与世俗建筑的分界。午门是紫禁城的正门，也是皇帝的家门，采用门阙合一的形式，在城座上建立一组建筑，大臣们在此等候朝见。明清两代，每遇重大战争，大军得胜凯旋，都要在午门向皇帝敬献战俘，称献俘礼。

通过对宫殿建筑发展脉络的梳理，我们能够感受到传统宫殿建筑从布局到营造都背负着沉重的象征意义，无论是数理、色彩，还是方位都被深深地打上封建等级的烙印。建筑的象征意义可以让建筑拥有一种精神性语言，这种精神性语言的话语权在很大程度上要大于实际的使用意义。在特殊的建筑中，这种象征主义的手法可以得到运用和实现。但是对于量多、面广的建筑来说，建筑还要回归适宜性的功能设计，这一点反思尤其对于当下中国城市化进程中的大量建设项目有着现实意义。

第二节　坛庙建筑发展

一、概述

坛庙这类建筑的出现源于祭祀。祭祀天地是出于一种礼的性质，从其意义和产生的背景来看不是一种宗教的内容，而是一种对人的由来和生存所依赖的因素的一种崇敬与感恩。坛庙建筑是中华民族祭祀天、地、日、月、山、川、祖先、社稷的建筑，有天坛、地坛、日坛、月坛、文庙、武庙、泰山岱岳庙、嵩山嵩岳庙、太庙，各地还有祭社稷的庙，都充分体现了中华民族文化的特点。如表 10.1 所示，按照祭祀对象，坛庙建筑可以分为三大类，每一类又包含了几种具体的祭祀对象。坛庙建筑的布局与宫殿建筑一致，只是建筑体制略有简化，色彩上也不能多用金黄色。中国古代没有产生任何规模巨大的神庙，因为祭祀要求产生的礼制建筑只需要满足人在其间举行仪式的需要，表达天人之间的关系及祭祀者的至诚，而不是要求象征神的神圣与至高无上。

表 10.1　坛庙建筑分类列表

祭祀对象		坛庙分类
自然	天地日月、风云雷雨	天坛、地坛、日坛、月坛、明堂
	社、稷（社：土地，稷：农业）	社稷坛、先农坛
	五岳、五镇、四海、四渎	山神、水神之庙
祖先	帝王	太庙
	臣下	家庙、祠堂
先贤	已故的有才德的人	孔庙、诸葛武侯祠、关帝庙

二、坛庙发展

1. 原始社会坛庙发展

祭祀活动大约出现在旧石器后期。伴随着祭祀活动的举行，产生了相应的建筑，发展成为后来的坛庙。新石器后期就出现了现在已经发现的良渚文化祭坛、红山文化祭坛以及女神庙。

2. 奴隶社会坛庙发展

奴隶社会重要的祭祀建筑遗迹有河南安阳殷墟祭祀坑、四川广汉三星堆祭祀坑等，根据两者祭祀坑出土的文物和遗迹现象，证明他们有相同的青铜铸造工艺，相似的都城布局，类似的自然、祖先、先贤崇拜的祭祀方法等。

3. 封建社会坛庙发展

在封建社会，祭祀成为古代帝王重要的活动之一。京城设有众多坛庙。明清北京，宫殿前左祖右社，祭天于南，祭地于北，祭日于东，祭月于西。在华夏先民眼中，天地哺育众生，是最高的神。天的人格化称呼是"昊天上帝"。祭天仪式是人与天的交流形式，历代王朝都由天子来亲自主持祭天仪式，祭天的祭坛一般为圆形，又称为"圜丘"，寓意天圆地方。

三、案例分析

天坛是皇帝用来祭天、祈谷的地方。中国现存的天坛，一处是西安天坛，一处是北京天坛。古代帝王自称天子，对天地非常崇敬，都把祭祀天地当成重要政治活动。明清北京天坛位于北京外城永定门大街东侧。东西相距 1703 米，南北相距 1654 米。周长 6553 米，占地面积 273 公顷，相当于北京紫禁城的 3.7 倍。天坛在明初天地合祭，清代用于祭天。建筑群拥有超大规模的占地，恢宏壮阔，大片满铺的翠柏，肃穆宁静。天坛设有内外两重坛墙，东北、西北成圆角，东南、西南成方角。北圆南方象征天圆地方。西面设门，其余均不设，入口在西侧。

如图 10.4 所示，天坛的主体建筑是两组祭坛：南侧祭天的圜丘、皇穹宇和北侧祈祷丰年的祈年殿，两组建筑之间由丹陛桥相连，构成天坛建筑群的主轴线。此外，内圈坛墙之中还有供皇帝斋戒的斋宫。在两圈坛墙之间设有附属建筑：演习礼乐的神乐署和饲养牲畜的牺牲所。建筑群的超长主轴线控制超大规模的坛区，主轴线上反复用圆，寓意天圆地方。斋宫偏主轴线一侧坐西朝东，表明皇帝低于上天，显示出"天子"与"天"的亲缘关系。附属建筑偏离主体建筑，高高突起的圜丘、崇高的祈年殿由丹陛桥连接为一体，提升视点、拓宽视野、开阔天穹，造就天地崇高、旷达、神圣境界。天坛除建筑外，遍植柏林，建筑只占 1/20 的面积，融于绿色之中，如图 10.5 所示。轴线上的建筑位于高地，树比路低 2.5 米，建筑群超然于林海之上与天相接。祈年殿高高在上，有超凡脱俗与天接近之感。

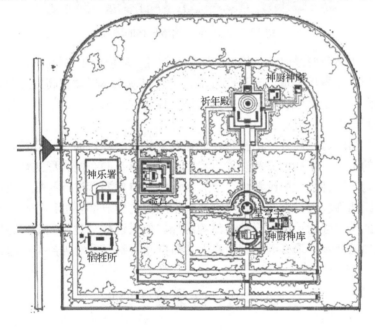

图 10.4　北京天坛

天坛的围墙上圆下方，坛墙内圆外方。单体建筑圆形平面重复使用，强化天的含义。建筑采取坛而不屋的做法，天地本性纯朴自然，不尚华饰。人们按照天地的本性，用最自然纯朴的东西表达对神灵的诚意，积土为坛，不加雕饰。圜丘坛体三层，直径分别约上层 23.65 米，中层 39.31 米，下层 54.91 米。三层台沿的栏板数，分别为 36 块、72 块、108 块。祈年殿以殿内的 4 根龙井柱象征"四季"，以内圈 12 根金柱象征"十二月"，以外圈 12 根檐柱象征"十二时辰"，以内外两圈金柱、檐柱之和 24 象征"二十四节气"，以 28 根柱子象征"二十八星宿"，再加上层的 8 根童柱，以 36 根柱子象征"三十六天罡"。

图 10.5   北京天坛遍植柏林的环境

　　天坛的主体色彩是青色，代表天地的纯粹性。环境松柏青绿，体现出崇高性、纯粹性。建筑尽量用矮墙，通过高台基、重檐屋顶来体现建筑高大形象。充分运用对比手法，特别是强调方与圆、高与矮、体量的大与小、地位的主与次、空间的狭长与开阔的对比设计。

　　通过对宫殿、坛庙建筑的梳理，能够发现礼制类建筑的共同特征之一就是对象征意义的追求，坛庙的祭祀功能本身就决定了建筑的布局和形式都有表达情感的需要。为了这种表达的纯粹性，要有大面积的自然要素进行衬托，所以天坛的建筑之间距离都较远；并且从古至今，天坛周边的建筑都要进行控高。削弱人工痕迹，才能更加强烈地体现天地自然的纯朴。如果说故宫是用人工来将皇权体现到无以复加的地步，那么天坛则是将人工与自然恰到好处地融合在一起。

第三节   陵墓建筑发展

一、概述

　　陵墓建筑记录了中国传统的生死观、等级观和其他文化含义，帝王陵墓更是如此。通过帝王陵墓建筑象征角度，可以窥见中国传统文化的一角[①]。"墓"反映出陵墓最原始的概念，透露出早期"不树不封"的朴素丧葬观念。"坟"与"墓"是相对的，先秦以前葬穴积土成堆才叫"坟"。根据《说文解字》中的解释，冢即

---

① 居阅时. 帝王陵墓建筑的文化解释[J]. 同济大学学报（社会科学版），2004（5）：12-15.

封土高大的坟。"丘"，本来指坟堆，即堆在葬穴上的封土。"墓""坟""冢""丘"这些字义的不同，反映出等级差别。墓中更高的等级是"山"和"陵"。"陵"本义指高大突兀的山丘，后来成为皇家坟冢的专用名词。从"墓"到"陵"的变化中，可以看出"事死如事生"观念的出现、确立和强化。

二、陵墓发展

1. 地下墓室

1）土穴木椁

人类社会发展进入氏族公社之后，同一氏族公社的人死后要葬在一起。随着母系氏族公社向父系氏族公社过渡，埋葬制也打破了以往必须埋到本氏族公共墓地的习俗，出现了夫妻合葬或父子合葬的方式。私有制发展，贫富分化与阶级对立产生，墓葬就出现了墓穴和棺椁。山东泰安发掘的新石器时代大汶口墓葬中，已经出现了土穴木椁的墓室，以及用原木铺构的木椁。商周时期，奴隶主高规格墓葬中出现了墓道、墓室、椁室和杀殉坑。商都安阳殷墟最具代表性的是"武官村大墓"（地下墓坑呈"中"字形）和"妇好墓"（墓室为长方形竖穴，墓口有房基一座）。西汉以前，帝王、贵族用木椁做墓室，其构造有两种：一种为用木枋构成箱形椁室一至数层，内置棺；另一种为用短方木垒成墓的"黄肠题凑"，内置棺及葬品。

2）砖石墓室

由于木椁不利于长期保存，加上砖石技术的发展，逐渐出现了砖石墓室。石墓的主要类型有崖墓、石拱墓和石板墓数种。战国末年，部分地区开始用大块空心砖代替木材做墓室壁体。西汉时用空心砖做墓顶的盖板。东汉之后，空心砖因其体型较大、较长，烧制不便，易于折断而逐渐被淘汰，代空心砖墓室而起的是小砖与拱顶墓室。西汉中期，拱顶墓室开始发展起来，东汉之后，成为墓室结构的主流。唐宋的墓室中，叠涩砌的穹隆顶结构应用较为广泛。在明清两代，墓室做法主要是以中间三进为主，采用石材作拱券结构。

2. 地上陵台

浙江余姚良渚大墓的发现把有人工土墩（坟山）的历史推前1000多年。春秋战国时期，墓冢已经很普遍，这一时期墓的称谓发生变化：由"墓"发展为"丘"，再发展为"陵"。湖北江陵天星观一号楚墓墓上残存覆斗形封土，高9米以上，底座长宽30~40米。燕下都和山东临淄故城的一批墓葬地面也存在较大规模的覆斗形封土。秦始皇营建骊山陵，帝陵都起方形截锥体陵台，称为"方上"，四面设有门阙和陵墙。汉因秦制，帝陵起方形截锥体陵台，北宋陵台仍依此制，这是中国古代保持方上陵制的最后时期。

3. 因山为陵

曹魏因山为陵而不起坟，主张薄葬。唐太宗吸取因山为陵的经验，以九嵕山为坟。但是五代时期，唐代诸陵仍然普遍被盗，只剩唐乾陵，乾陵是唐十八陵中主墓保存最好的一个。乾陵依梁山而建，梁山前有双峰对峙，高度低于梁山。乾陵墓藏于梁山之中，利用双峰为墓前双阙，使整个陵区显得崇高雄伟。唐乾陵选址极为成功。因山为陵的做法并没有被完全沿袭下来，南宋陵墓在浙江绍兴，属于非常简陋的浮厝性质做法，而元帝葬于漠北，不起坟亦无标志。

4. 宝城宝顶

明孝陵在建筑形制上有所创新，始建宝城宝顶、方城明楼。宝城是帝王陵墓地宫上面的城楼。为适应南方多雨地区，雨水下流不致浸润墓穴，在地宫之上先砌筑高大的砖城，然后在砖城内填土，并将土堆成一个圆形顶，顶部一般高于四边的城墙。帝王陵墓地宫上面凸出的馒头形坟头称为宝顶。宝顶的形状有圆形，也有长圆形。明代的陵墓中，宝顶形状多为圆形，而清代则大多数是长圆形。宝城南侧建方城明楼，明十三陵的十三个皇帝陵墓中每个都建有方城明楼。有的陵墓中，方城明楼和宝城有一定距离，有的则直接建在宝城城墙上，有的明楼则是紧贴着宝城城墙。方城明楼由上部的楼阁和下面的方城组成，明楼主要功能是用来放置刻有帝王谥号等的石碑，而方城则非常高大，墙体正中往往开设有一个拱券形的门洞。明代陵墓很明显地呈现出两段结构，前段是引导部分的神道，后段是主要建筑群，建筑群又分为献享区和墓冢区，相当于宫殿建筑中的外朝和内廷。清陵完全继承明陵制度。从陵墓建筑的发展来看，轴线越来越长，地面建筑越来越多，陵体相对重要性越来越弱，陵寝设计的重点从强调纪念性转向强调礼仪性。

三、案例分析

明十三陵坐落于天寿山麓。总面积 120 余平方公里。十三陵地处东、西、北三面环山的小盆地之中，如图 10.6 所示，陵区周围群山环抱，中部为平原，陵前有小河曲折蜿蜒，山明水秀，景色宜人。明长陵位于天寿山主峰南麓，是明朝第三位皇帝成祖朱棣和皇后徐氏的合葬陵寝。长陵在十三陵中建筑规模最大，营建时间最早，地面建筑也保存得最为完好。

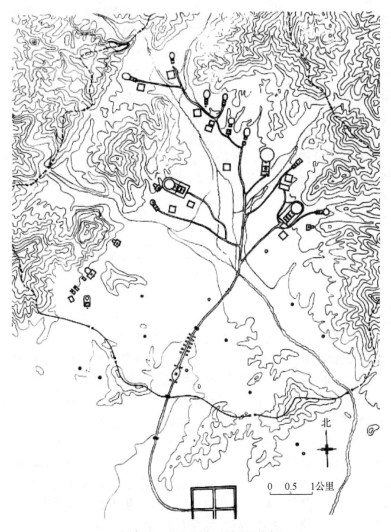

图 10.6　北京明十三陵平面图

十三陵沿山麓散布。陵区的气候好，山环水抱，聚风藏气。陵区的起点是山口外遥对天寿主峰的一座五间石牌坊。自南向北，神道经大红门、碑亭、石像生，到龙凤门（棂星门）为十三陵共用神道，各陵不再单独设置石像生、碑亭之类。为使左右远山体量在视觉上达到均衡的效果，神道向体量小的山峦延伸。神道的轴线长而富于变化，各陵墓的空间变化很丰富，运动过程中，山水已经成为祭祀的对象。

明十三陵的各个建筑单体相较于过去的形制表现出了相似的变化：陵体由方形改为圆形，称为"宝顶"；取消寝宫，扩大祭殿；陵园的围墙从方形改为长方形，在南北轴线上布置三个院落，更接近于宫殿建筑。明长陵陵园南方设三孔门，入门庭院北为祾恩门，再入门便能看见祾恩殿，过祾恩殿为宝城前院，再后为方城明楼。明楼实际是碑亭，不是享殿，上宫献殿取消。上宫献殿自长陵开始取消，祭祀集中于下宫，上下合二为一。明代以后，已不见方上陵体，宝城皆圆形。

陵墓建筑的发展有一个比较清晰的主线：由单体走向群体，由简单走向复杂，从纪念性走向礼仪性。通过对明十三陵的案例分析，可以看出陵墓原始的丧葬功能在后期的陵墓中仅仅占据了很小的席位，更重视由神道贯穿全局的宏大气魄，也就是后人在祭拜过程中的空间体验。在当代建筑的创作中，某些重视使用者心理感受的建筑也会采用刻意拉长轴线、制造曲折流线、设置空间转换等手法来达到体验效果。

第四节　汉传佛教建筑发展

一、概述

宗教建筑在中国建筑的历史上有过极为兴盛的时代，不过为期并不太长。总的来说，所占的比重和分量不如西方，而且发展得也较迟。我国古代曾出现过多种宗教，较为重要的是佛教、道教和伊斯兰教[①]，而其中延续时间较长、传播地域最广的是佛教。佛教为我们留下了丰富的建筑和艺术遗产，并且对社会文化和思想的发展带来了深远影响。东汉初期汉明帝时，佛经自西域由白马驮来，初止于鸿胪寺，便以"寺"为名创立了中国第一座佛寺，布局为以佛塔为中心之方形庭院平面。此后，佛教建筑多半称为"寺"了。流行于以汉族为主的我国大多数地区的佛教，通称汉传佛教。汉地寺院布局总体发展的趋势表现为：寺院以佛殿为中心，塔的地位逐渐降低；随着大型佛像的出现，重阁在寺院中随之出现；寺院中开始设立钟楼与经藏；建筑发展出纵深方向的院落空间序列。

二、宗教发展

1. 建塔立寺

印度的佛塔是为了埋藏舍利，供佛徒绕塔礼拜而建，具有圣墓的性质。传到中国后，为早期的佛寺所沿袭，后来与东汉已有的多层木构楼阁相结合，形成木构楼阁式塔。中国有记载的最早的佛教寺院洛阳白马寺就是以塔为中心的寺院布局。北魏洛阳是当时北方的佛教中心，全城有佛寺1000余座，其中著名的永宁寺

① 赵龙珠. 佛教寺庙的形制及辽阳地区佛教寺庙的兴建[J].黑龙江科技信息，2014（23）：225-226.

总体上采用了前塔后殿的寺院布局，塔仍然在寺院中居于主体地位。永宁寺塔是中国古代典型的早期楼阁式塔，采用中国木构重楼和塔相结合的形式。由于我国北方冬季寒冷，在室外举行仪式不便，因此在佛寺中出现了佛殿，可容纳多人顶礼传法。佛殿逐渐取代佛塔在寺院中的地位，成为主体建筑物。佛寺以佛殿为主，采用多进式院落布局，既解决了以佛塔为主体的佛寺在实用性上的不足，又符合中国人的日常生活习惯和观念，隋唐以后成为通行的佛寺制度。汉地寺院布局逐渐定型：寺院以佛殿为中心，塔的地位进一步降低。塔毕竟不如佛殿更适应佛像膜拜的方式，建造技术要求又比较高，在实际建设中也存在困难，所以在隋唐以后地位逐渐降低。塔在寺院中的位置演化如图 10.7 所示。

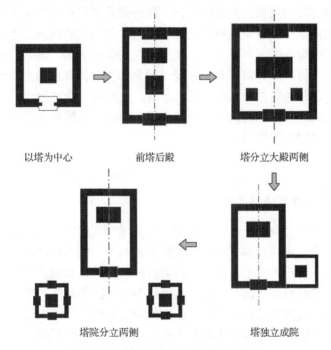

图 10.7　塔在寺院中的位置演化图示

2. 开窟造像

石窟大约在南北朝时期传入中国。大同云冈石窟中主流的类型是塔院窟，又称支提窟，在平面布局上以塔为窟的中心，将中心柱雕成佛塔的形象。这一类石窟的布局和初期的佛寺以塔为中心的布局相统一。印度石窟还有以方厅为核心的，三面凿供僧人修行的小禅室，这种毗诃罗石窟传入中国就是僧院窟。僧院窟在中国的数量较少，一般在窟中置佛像，周围凿若干小室，每室供一僧人打坐。佛殿窟是中国本土发展出来的一种类型，印度并没有此原型。石窟中以佛像为主要内容，相当于一般的佛殿，是比较普遍的一种类型。北魏至隋唐是凿窟的鼎盛时期，尤其是在唐朝时期修筑了许多大石窟，唐代以后逐渐减少。于唐朝初期开凿的敦煌石窟第 96 窟，外观 9 层楼，内部空间通高，放置巨大佛像，与此时期寺院中出现的重阁建筑在空间上有相似之处。

3. 重阁出现

汉地佛寺繁荣和定型阶段是在隋唐时期。佛寺中的塔在隋朝时仍然占据主导地位，到唐代时明显居于次要地位。唐代佛寺出现了十一面观音像、千手千眼观音的形象，为了盛放更为巨大的佛像供人们膜拜和瞻仰，佛寺中出现了楼阁，楼阁一般中部通高，四周供人们攀爬绕行。佛香阁是河北正定隆兴寺中最高建筑，外观三层，阁内供有千手千眼铜观音，是我国古代最大的铜制工艺品遗物。唐代以后，千手观音像在中国许多寺院中渐渐作为主像被供奉，重阁的出现成为佛寺本土化的必然趋势。河北蓟县独乐寺观音阁是典型的佛寺重阁，外观两层而内部结构分为三层。从竖向细分的结构层次来看，建筑由三个柱网层、三个铺作层和一个屋架层构成，为容纳巨大的佛像，下层和中层的内槽都做成空筒，这种处理相当于现代建筑中庭的做法。

三、案例分析

1. 山西应县佛宫寺释迦塔

应县佛宫寺释迦塔位于山西省朔州市应县城西北佛宫寺内，俗称应县木塔。此塔建于辽清宁二年（1056 年），是我国现存唯一一座木构楼阁式塔。应县木塔位于佛宫寺寺中南北轴线上，佛宫寺是典型的前塔后殿布局。从基本特征上看，应县木塔采用了八角形平面、金厢斗底槽和副阶周匝的做法；从结构做法上看，该塔采用了明五暗四的结构布置和叉柱造的构造做法。

中国古代的楼阁一般都采用矩形平面，而应县木塔则采用八边形平面。从物理学来分析，在建筑面积一定的情况下，建筑的平面越趋近于圆形，建筑总体的体形系数越小，越有利于防风。古代的塔相当于现代的高层建筑，高层建筑在选择平面形式时也往往优先考虑防风效果。

金厢斗底槽是宋代《营造法式》中列举的四种空间划分方法之一，也是等级最高的一种。建筑设内外两圈柱子，将殿身空间划分为内外两层空间，外层环包内层。应县木塔内层空间置佛像，周围一圈空间供人绕行或者登临。虽然古代的金厢斗底槽与现代的筒中筒结构并不相同，但在空间和结构上仍然显示出了相似的优越性。

副阶周匝是在建筑主体外面再加一圈回廊，是中国古塔常见的做法。应县木塔底层的重檐加强了全塔稳定性，并由此在塔的周围形成一圈灰空间，能够起到保护建筑夯土墙的作用，也承担了现代建筑中雨篷的功能。与此相对应的做法还有北方四合院的抄手游廊，在建筑内部的庭院用回廊将建筑连接起来，方便雨雪天行走不被淋湿。

应县木塔从外观看共五层，实际上每两层之间都在内部设置一个暗层，共四个暗层。从剖面看，建筑的每一层都由柱网层、铺作层和平座层组成，如图 10.8所示。平座层就是结构暗层，人不可登临，内部密布斜撑，形成稳定的三角形结构，以增强建筑的稳定性。建筑在竖向由四个结构层牢牢箍接在一起，增强了结构的整体性，利于防风抗震。

楼阁式建筑中，上层柱子插在结构暗层斗拱的栌斗上，檐部暗层柱插在下层斗拱上后退半个柱径，这种做法称为叉柱造。叉柱造不仅可以增强结构上下层的联系、加强整个构架的稳定性，还能够在外观上形成上小下大、层层递收的效果。

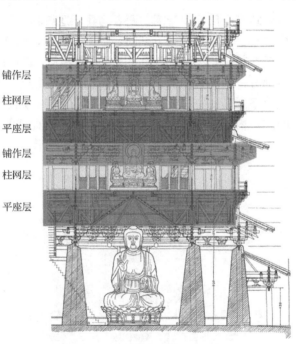

铺作层
柱网层
平座层
铺作层
柱网层
平座层

图 10.8　应县木塔剖面结构分析

2. 山西五台山佛光寺大殿

五台山在唐代已经成为佛教圣地了，建有众多佛寺。佛光寺大殿建于唐大中十一年（公元 857 年），面阔七开间、进深八架椽、单檐四阿顶，平面柱网采用金厢斗底槽的做法。建筑设内外两圈柱子，空间划分为两部分，中间置佛像，周围一圈空间可以供人绕行，与应县木塔的做法相似。如图 10.9 所示，建筑由三个结构层组成：底层是采用殿堂式金厢斗底槽做法的柱网；柱网之上密布铺作层，不仅完成了向外出挑的结构，也增强了建筑结构的整体性；最上部是三角形屋架，内部采用了叉手、托脚等构件。

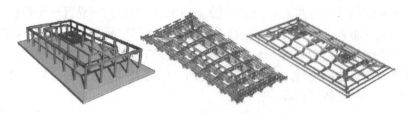

图 10.9   佛光寺大殿结构分析

3. 河北蓟县独乐寺观音阁

独乐寺的主要建筑有山门和观音阁，两者均建于辽统和二年（公元 984 年），在现存辽代建筑中最早。观音阁面阔五开间、进深八架椽，同样采用了金厢斗底槽的柱网布置。与前述应县木塔和佛光寺大殿的布局相似，建筑设内外两圈柱子，空间随之划分为两部分，中间置佛像，周围一圈空间供人绕行。但观音阁的特别之处在于，内圈是上下通高的空间，可以盛放巨大的佛像。观音阁外观两层，内部设有一个平座暗层，内部用斜撑来增强结构的稳定性。此建筑也同样采用了叉柱造的做法，形成了向上收缩的外观效果，如图 10.10 所示。

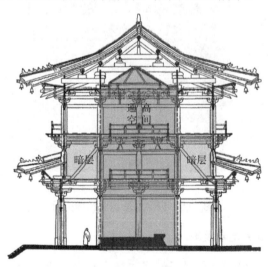

图 10.10   观音阁结构分析

中国古代汉传佛教建筑的发展既能体现出主流木构建筑体系强大的适应性——适合不同功能和不同地区的佛塔、大殿、楼阁，也能体现出外来建筑的本土化——异域的建筑文化和建筑形态完全被本土消化、吸收、重构的过程。这种适应性和本土化从侧面反映出当时中国文化处于一种强势地位。

第五节　园林建筑发展

一、概述

中国人自古崇尚自然、热爱自然，"天人合一"的宇宙观促使人们探求自然、亲近自然、开发自然。中国的造园艺术，以追求自然精神境界为最终和最高目标，从而达到"虽由人作，宛自天开"的审美意趣[①]。中国古典园林在世界三大造园体系中独树一帜，近年来，学界普遍认为，对于经过人类主动创造的美学的自然，即第三自然，东西方景观设计所模仿的主题对象是存在差异的。以中国古典园林为代表的东方造园体系所模仿的目标主要以未经人类活动影响的原始自然环境为主，亦即所谓的第一自然，而西方世界的古代园林则以人类农业活动所改造的第二自然为主[②]。

二、园林发展

1. 从分享自然到铺陈自然

从囿到苑的发展时期可以称为园林发展的自然时期，相当于先秦到汉这一阶段。进入奴隶制社会以后，人们的生产活动由开始的狩猎、渔猎逐渐进化到种植定居、驯养动物，这样就出现了圈养。随着生产力提高，奴隶主、帝王们有足够时间和资本进行包括狩猎活动在内的各种游乐，那些狩猎区往往选择在禽兽集中的山丘林茂、水草丛生之处，这便成为早期的囿。到汉代，囿日趋专门化，帝王在此建宫设馆，增添寝宫殿宇、配置植物山水，囿便开始具有园林的性质，名称也由囿改称苑或苑囿。著名的上林苑中，有建章宫、太液池，周围建宫殿数十个，设置各种动物的圈观，种植各地异树花草。这一时期尚处在中国园林发展初期，苑囿布局并无规划，较多带有狩猎趣味。建筑、山水的排布并不融洽有序，奇树异花也是简单罗列，只是初步具备了园林的性质，总的说来仍处于自然发展的阶段。

---

① 王莹莹. 中国古典园林艺术创作对现代园林景观设计的启示[J]. 艺术与设计（理论），2014（6）：49-51.
② 宋君，雷平. 试论生态文明建设背景下中国古典园林的传承与创新[J]. 重庆建筑，2019，18（3）：15-18.

2. 造园意境改变

由汉经东汉、三国、魏晋南北朝到隋唐是中国古典园林的形成期，在这段时间，园林审美观念改变，以自然作为独立审美对象。魏晋南北朝时期是中国园林史的转折点，文人参与造园，寄情山水，风雅自居，私家园林已经从写实转向写意。在魏晋南北朝这个动荡的时期，园林在发生着本质上的变化。在玄学思想倡导以自然美为核心的时代，在美学思潮以及人们寄情山水陶冶情操的精神追求之下，园林向着自然山水风格转变，奠定了我国自然山水园的基础[①]。隋唐是中国历史上政治、经济、文化发展的兴盛时期，也是中国古典园林发展的高峰，这个时期的园林展现出恢宏的气势，园林遍布全国，园主阶层从帝王、贵戚、豪富向一般官员、士人、平民推演，造园规模从前期的大型化向后期的小型化转变，造园意趣从自然天成的质朴、粗放、疏朗、淡雅向追求诗情画意的精致化推演，构成了唐代园林的基本发展脉络。

3. 抽象自然

两宋时期，造园活动更加普遍，已经遍及地方城市。宋朝皇帝大多热爱山水艺术，热爱山水艺术逐渐演变成普及至平民百姓的一种爱好，山水画在这一时期进入辉煌时代，而山水艺术对园林创作有着直接的指导意义。宋徽宗营建的艮岳可谓这一时期中国古典园林的代表作，可惜已经不复存在。作为艺术全才的宋徽宗所营建的艮岳也必然集艺术之大成，突破秦汉以来宫苑的规制，以抽象的山水为主题，营造出诗情画意的景观，是中国园林史上一大转折。这一时期苑中叠石、掇山的技巧，以及对于山石的审美趣味都有提高。苑中奇花异石取自南方民间，运输花石的船队称为"花石纲"。这一时期园林艺术除去建于城市的写意山水园林，还有一种类型是自然风景园，以名胜区的自然风景为基础进行人工规划创造出各种意境的风景园。宋朝极其注意开发风景资源丰富的城市，利用原有美景、因地制宜造园，发展成风景园林城市。宋代在造园方面出现的完整的评论性专著有李格非所作的《洛阳名园记》，李诚编著的《营造法式》也对当时及前人的造园经验进行了总结。

4. 审美世俗化

元代在园林建设方面没有太大的发展，是园林审美世俗化的转折点。明清以江南园林为代表的城市园林建设达到顶峰，并影响到北方皇家园林的建造。明代帝苑并不发达，这可能与朱元璋的祖训有关。明朝的帝苑相较于唐宋，数量与规

---

① 支春云，王一岚，杨欣鑫. 中国古典园林的发展：起承转合的魏晋南北朝[J]. 现代园艺，2015（12）：132.

模都微不足道。过去的朝代，开国时大多都要忙于都城宫殿的建设，清代因为继承了明代的皇宫和都城，就不必再为此事尽心费力，而专注于皇家苑囿的建设。清代在康熙、雍正、乾隆三朝时期的皇家园林集中建于北京，有附属于宫廷的御苑，也有建在郊区风景胜地的离宫，此外还建有行宫。封建士大夫还在城市中建造了大量以山水为主、富有山林之趣的宅园。江南河湖密布，自然条件得天独厚，这为江南以开池筑山为主的造园活动提供了有利条件。经过漫长的发展历史，中国古代园林的发展在清代达到顶峰，取得极高艺术成就的同时，也影响了世界园林的发展。

三、案例分析

颐和园前身为清漪园，坐落在北京西郊，与圆明园毗邻。它是在昆明湖、万寿山的自然风景基础上，借鉴杭州西湖的水面格局，汲取江南园林的设计手法，建造的大型山水园林，被誉为"皇家园林博物馆"。全园面积约 290 公顷，湖占3/4。全园可以大致分为三个部分：东宫门和朝廷宫室、前山前湖、后山后溪。

东宫门是颐和园的正门，门内布置了一片密集的宫殿。仁寿殿是颐和园听政区主要建筑。慈禧、光绪在此临朝理政，接受恭贺、接见外国使节。玉澜堂和宜芸馆分别是光绪帝的寝宫和隆裕皇后在园中的住处。这一片建筑布局严整，采用对称封闭的院落组合，宫廷气氛浓厚而无园林野趣。乐寿堂是慈禧的寝宫，面临昆明湖背倚万寿山，是园内最好的居住和游乐的地方，堂前有慈禧乘船的码头。

位于万寿山前山的排云殿、佛香阁、智慧海，是全园的主体建筑，三组建筑形成了一条层层上升的中轴线，正对昆明湖开阔的大水面。排云殿是皇帝、太后举行典礼和礼拜神佛之所，是园中最堂皇的殿宇。佛香阁雄踞于石砌高台之上，是全园制高点，控制万寿山整体构图。佛香阁后的山巅有琉璃牌坊"众香界"和琉璃无梁殿"智慧海"。昆明湖沿岸长廊是前山的主要交通线，东侧连接了乐寿堂、德和园，西侧直抵湖边，沿湖还有白石砌筑的清晏舫。昆明湖通过岛堤进行分隔，丰富了大湖面层次，避免了单调空疏。自西北逶迤向南，西堤及其支堤把昆明湖划分为三个大小不等的水域，这一做法效仿了西湖苏堤。每个水域各有一个湖心岛，三岛鼎足而峙布列，这一做法效仿传说中东海三神山。万寿山和南湖岛互为对景，池中三岛也互为对景。前山前湖景区还向西借玉泉山秀丽山形和玉峰塔影，收摄作为园景的一部分。

与前湖的开阔相对比，后溪曲折狭长，带状水面又有强烈的宽窄对比变化，通过桥的布置呈现出极度收束的状态，烘托深邃藏幽的气氛，并带有开合收放的节奏感。后溪两岸的买卖街效仿了江南水镇街道的布局，后溪东端的"谐趣园"是一处园中园，效仿无锡寄畅园，构造了一处深藏一隅的幽静水院。与后溪相对应的后山建筑群是须弥灵境，亦称"四大部洲"，隔着山脊背对着排云殿、佛香阁建筑群，是汉藏形式混合的台式建筑群。原有建筑早已在英法联军的炮火中消失，只剩下一些砖石塌台。现在看到的只是光绪年间重建的一部分，不能和乾隆时的原貌相提并论。

东宫门和朝廷宫室区建筑群采用对称、封闭的宫廷院落组合，与万寿山、昆明湖等开阔的自然景色形成鲜明对比，前山前湖景区的旷朗开阔和后山后溪景区的曲折深邃又形成了显著对比，如图 10.11 所示。全园以佛香阁作为强有力的构图中心，并且形成了浩瀚辽阔的湖面，将西山、玉泉山、平畴远村等景色收入园内。

图 10.11　颐和园前山前湖和后山后溪的对比

中国传统园林讲求因地制宜、顺应自然的营造理念，这与我国目前提倡的可持续发展观、生态文明观高度一致。工业革命的成就使人们体会到了改造自然的乐趣，却也让人们尝到了破坏自然的恶果。可见我国古代"天人合一"的营造观并没有过时，人必须把自己看作是自然的一部分，而非自然的控制者。中华民族的古典园林中包含了处世的智慧锦囊，人与自然、人与人要建立共享互惠的和谐相处模式，建立起良性的物质循环。

拓展阅读书目

1. 傅熹年. 中国古代城市规划、建筑群布局及建筑设计方法研究[M]. 2 版. 北京：中国建筑工业出版社，2015.

2. 王贵祥. 中国汉传佛教建筑史——佛寺的建造、分布与寺院格局、建筑类型及其变迁[M]. 北京：清华大学出版社，2016.

3. 王贵祥. 北京天坛[M]. 北京：清华大学出版社，2009.

4. 胡汉生. 明十三陵[M]. 北京：中国建筑工业出版社，2015.

5. 刘庭风. 中国古典园林平面图集[M]. 北京：中国建筑工业出版社，2018.

6. 彭一刚. 中国古典园林分析[M]. 北京：中国建筑工业出版社，2008.

第三篇　中国传统建筑的当代性及其实践

第十一章　对当代中国建筑创作的反思

第一节　21 世纪的中式建筑

一、中国仿古建筑众多的原因

中国古建筑上到宫殿坛庙下到普通民居，其建构方式和建筑材料都是大致相同的，大多是木构建筑。这类建筑极易受到战乱或其他外力因素的破坏，能在历史上保留下来的很少。西方的宫殿、教堂都是石制的，仅仅是建造就需要耗费上百年，建成后易于保存。所以西方基本上没有仿古建筑。

有些建筑从用料、用材就遵循古制，建造方式、建筑样式都俨然如古人建造，这类建筑并不能认定为真正意义上的仿古。这其实是对古建筑建造工艺的一种继承。中国传统木构建筑不可能拥有西方石构建筑那么长的寿命，不停被毁坏、不停地建造。但是有些建筑，用的是当代的材料和建造方式，只有外形进行了模仿。公园里随处可见的亭子，一些历史街区的商业用房，往往省去了梁、椽、榫卯，直接采用混凝土浇筑了一个坡屋顶的形式出来，这便是典型的仿古建筑。

我们见到的仿古建筑大多位于旅游区或商业区，通常是为了迎合市场的消费需求而产生的，提供某一种风情来吸引消费者，仿古建筑显然比普通呆板的现代建筑更能吸引游客。最初，仿古建筑不仅提升了周边城市环境，同时带动了区域发展，也突出了城市特色，如图 11.1 所示。然而，随着古城、古镇、古村落仿古风的盛行，加上国内所谓仿古建筑大多数不是专业研究古建筑的专家进行设计的，所以，只有其形，全无其实，建成后的建筑不伦不类。国内的仿古建筑设计需求和有古建筑设计专业背景的人员数量不成比例，很多建筑仍存在粗制滥造的情况。仿古建筑存在的最大问题是：材料和结构的非真实性表达。古建筑中结构构件的力学传递方向为：屋面—椽—檩—桁—梁—柱，受力方式明确，结构原理清晰。古建筑中的梁基本上都是简支梁的形式，这对建筑物的抗震来说极为不利，由此才诞生了斗拱这一结构构件。在现代建筑的钢筋混凝土结构框架体系中，梁与柱的结构连接方式均为刚结，梁承担起抗震作用，不再需要类似斗拱这类结构构件。加之现代建筑在屋面工程中大部分采用现浇的整体式屋面，檩、椽等构件也演化为不必要构件。这种现代化的建构方式理应会对仿古建筑的外立面产生影响。仿古建筑中，古典样式已经成为现代建筑理性合理建构的负担和阻碍，这与复制西方建筑的外衣所面临的增加构造难度、造价成本等问题是一样的。

图 11.1　潍坊十笏园历史街区的仿古建筑

　　我国改革开放四十多年，复古的思想并没有完全褪去。一个文明共同体的核心内聚力，很大程度上来源于与其他文明共同体的"不同"。现今的中国走在了复兴崛起的道路上，更加需要强化我们这个文明共同体的内聚力。回归经典样式、建造复古建筑，从客观上来讲也存在这样的社会心理需求。但是，我们不能为古而古，不对经典、传统进行现代化的呈现或者抽象化的解读。当今中国仍然在建造大量的仿古建筑，从侧面反映了我们对传统没有更多的继承和发展，没有在学习经典的基础上，用当下的思维去理解、去认知、去判断、去创新。

二、从传统建筑中汲取力量

　　传统与当代有着深刻的哲学辩证关系：传统意味着过去，当代意味着现在，是过去的发展和延续。传统建筑提示当代建筑不是独立存在的，当代建筑有责任助力传统建筑焕发新的生机。传统是当代创作的财富，当代是传统发展的动力，两者似乎对立，实则统一。

　　历史向前发展，先进的科学技术不断涌现，建筑工业化也势不可挡，建筑设计如果还是直接复制传统建筑的样式到现在的建筑中，就会无形中阻碍建筑的创新与发展。我们对待传统建筑文化的态度，不能仅仅停留在表面，盲目地复制和简单地模仿都是一种不负责任的做法。随着时代的发展，社会的需求、建造的工艺，人们的审美都在发生变化，建筑必须要满足当下社会的需求，运用先进的建造工艺，符合现代的审美标准。发展当代并不意味着要抛弃传统，用当代表达传统，让当代从传统中汲取力量，使新建筑既有深沉浓郁的传统气息，又具有当代建筑的朝气蓬勃。

　　与中国传统建筑复兴的道路相仿，日本在早期也是从"形"的层面入手，但是日本建筑在继续探索的过程中，逐渐摸索出如何从传统的建筑精神中获取力量。日本建筑总以其具有标识性的风格出现在大众面前，因其从传统中获得创作灵感而愈发显示出巨大的能量。如图 11.2 所示，西班牙塞维利亚世博会日本馆是安藤忠雄设计的作品，他试图用现代技术重新诠释日本传统的建筑文化。该建筑参照了日本神殿的外观和空间，渲染出肃然之美，给人以震撼，但却没有哪一种做法跟传统建筑一样。建筑整体采用胶合木结构，和传统木构一样能够装配化生产，满足博览会短期使用的需求，世博会结束后展馆被拆除，所用木材也被出售。日本建筑并没有因为对外来文化保持开放的态度而削弱其自身的特色以及传统的表达。随着世界范围内建筑的发展，日本的建筑自始至终都能让人感受到一种"和风之味"，都保有一种独特性。日本在传统建筑的基础上，一方面进行了创新性的表达，一方面又坚守了其独特性。而这正是中国应学习的地方。

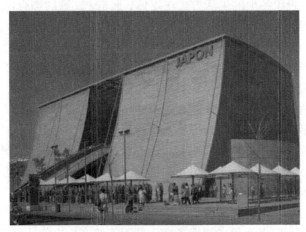

图 11.2　塞维利亚世博会日本馆

中国传统建筑中除去形式上的特征，在营造思想上也具有超前的生态观，即便是置于当今社会，仍具有现实意义。中国传统建筑的营建是以尊重自然为前提条件的，"天人合一"的思想是中国传统文化的精髓，崇尚人与自然的和谐统一，与目前我国倡导的社会主义生态文明观相一致，可见这种朴素而先进的生态观至今仍然对我国的城市建设产生着广泛且深远的影响。在这种观念的指引下，很多传统建筑都具有天然的绿色基因，崇尚自然，遵循"天时、地利、人和"协调统一的内在规律，这些思想本身就蕴含着节能观念。

碉楼、土楼、窑洞、天井式住宅等民居都采用最原始的方式做到因地制宜、冬暖夏凉。中国传统建筑中显然没有现代先进的绿色建筑技术，人们选择当时最为经济、合理的方式来建造房屋，尽可能地顺应自然环境，利用自然资源，对自然保持一种谦逊的态度。科学技术、生产力的空前发展使人类拥有了与自然"抗衡"的砝码，人与自然的关系发生了改变，进而向传统的价值观发起了挑战。但工业发展带来的资源枯竭、空气污染等一系列环境问题使得与自然和谐共生的绿色建筑再次被重视起来。在直面现今社会的问题时，传统建筑中的设计思想、策略方法仍然能够给我们以启迪。

第二节　21 世纪的大同样式

一、对"千城一面"的反思

21 世纪遍布中国大地的更多是不分国家和地域特征的国际样式的建筑物。随着时代的发展，我国各地的生活方式在媒体、通信、交通的综合作用下渐趋雷同。建筑其实是生活方式的外化形式，"千城一面"的背后也反映出人们生活方式的雷同。

我们越来越多地发现，一个城市特色的街道和楼房被具有现代经营理念的商业地产项目所取代。统一的超市，标配的电影院，品牌一致的餐厅、酒店、咖啡馆，具体到销售的产品也是全国统一的品牌。这一方面可以看作是人民生活水平提高、消费升级的产物，另一方面也是标准化、市场化、规模化"复制粘贴"的结果。从城市的外观上看，一座座崛起的高楼、一条条新修的马路，这些看似是城市化进程的标志性成果，却在日益消磨着一座城市的独特性和辨识度。当下城市因其缺乏地域特色，丧失了文化传承的功能而备受诟病。

剖开城市的断面，包含的建筑风格其实并不单一，欧式风格、中式复古等做法一应俱全。每个城市看起来都很多样，却不能够产生内部认同感，也就丧失了外部的识别性。一个城市、一个乡村如果不能找到一个核心的内部认同点，并围绕这个点进行原创性的规划和设计，那么大规模建设就会浮于表面形式，越来越多的城市和乡村将会丧失特征，被大规模的建筑生产猛烈冲击。建筑在建成之后，要耸立在大地上几十年甚至上百年，不能被轻易改变和移除，它时刻会对所在的城市、周边的场地、使用的人群产生影响，建筑所隐含的价值观、场所精神无形地在对城市进行文化输出。

当一个国家、一个城市的建筑丧失了基于自己国情、社会发展阶段、地域特色进行的价值判断，建筑设计就会完全走向商业化运作的道路，走向大量畸形复制的歧途。在这种行业背景下，建筑师很难再进行潜心调研和深度思考，很难对自己的作品进行重新审视与创新表达，更无从寻求建筑文化中的核心认同点，从而使建筑创作陷入浮躁的恶性循环。以新为美、以高为美、以洋为美、以古为美……都是城市个性贫乏的表现，都只是停留在物质空间形式上的阶段。建筑的独特性并不在于自身标新立异的形式，而在于建筑和场地、城市、历史、民俗、宗教、文化等方面的共生同构。

二、旧与新、真与假

"面目一新"已经成为很多城市谈论建设成绩的标准，似乎建高楼就是城市化的标志。部分有历史价值的建筑在经济利益的驱动下被盲目拆除，建成后使用仅仅十几年的建筑也因城市缺乏长期规划而推倒重来，我国建筑短暂的平均寿命已经切实反映出"大拆大建"的普遍现象，这一举动带来的浪费十分严重，对城市文脉的破坏也不可逆转。

城市中的历史街区、古建筑，它们除去自身的历史文化价值，还凝聚了人们的集体记忆，是建筑核心认同价值的重要组成部分。老旧建筑不应因其一时的功能不适、形象不美就被拆毁，随着时间的沉积，旧建筑的历史文化价值在不断提升。随着社会发展，旧建筑不断被改建、加建，不断适应新的功能构成和空间格局，这本身就是旧建筑一种历久弥新的存在方式。

一方面，城市中的旧建筑，甚至是历史建筑在城市建设的浪潮中被无情地拆毁；另一方面，城市需要提升文化内涵的时候又再投资建"假古董"。拆毁的历史建筑再也无法恢复，新建的"古董"却不具备任何文化底蕴。山东聊城在 1994年凭借保存完好的东昌古城被评为"国家历史文化名城"。2012 年，住房和城乡建设部对全国历史文化名城进行了调研，点名痛批聊城拆真名城，建"假古董"，甚至成片历史街区被拆掉，统一建仿古建筑，一份设计图纸，同一时间建造。2019年，山东聊城、山西大同、河南洛阳、陕西韩城、黑龙江哈尔滨再度被住房和城乡建设部、国家文物局通报。如图 11.3 所示，从聊城城市肌理的演变来看，在古城内大拆大建、大搞房地产开发的问题比较严重。随着建造技术的进步和普及，加上专业设计的匮乏和缺席，仿古建筑在建造时已经模糊了地域特征的界限，不仅起不到强化地方特色的目的，而且还掀起了商业化复制的灾难。如图 11.4 所示，聊城古城中整齐划一的仿古别墅，虽然样式复古，但很容易就能看出是新建的，而且可以在很多城市看到这种类似的样式。

老建筑因其历史价值独一无二，要想寻求建筑的核心认同价值，老建筑在城市中必定要占据一定的比例。公众之所以反感"千城一面"，并不仅仅是厌恶相似的空间，或者类似的风格，更是反感速生、缺乏亲和力、品质粗糙、不具备文化特质的城市。城市本是人类走向成熟和文明的标志，因时因地而异，是历史与现代的结合体。城市丧失历史和地域的真实性的时候，恐怕也是决策者、设计者共同承担起自己身上文化责任、避免城市精神衰败的最后时机。

（a）2004年古城城市肌理

（b）2011年拆迁后城市肌理

（c）2017年建设后城市肌理

图 11.3 　聊城古城城市肌理演变

图 11.4 　聊城古城的仿古别墅

第三节　中国当代建筑的创新之路

一、缺乏创新的症结

如果不能鉴别外来事物的精华要义所在，我们的创作就将是"照搬照抄"；如果不能把握传统建筑的精神内核所在，我们的创作必定是"终始顺旧"；如果不能认清当代建筑的文化认同所在，我们的创作无疑是"粗糙复制"。这都是中国当代建筑创新之路的绊脚石。中国建筑创新的前提是平视传统、立足当代、放眼世界。平视传统，要领悟传统演变的要义；立足当代，要明晰当下社会的需求；放眼世界，要纵观天下发展的趋势。延续传统，满足当代，学习外来，建筑才能得以长远地发展。

不应该轻易否定传统，也不能只顾埋头研究历史、回避当下的问题①。中国的建筑创作，一方面要满足当代的需求，另一方面应当抓紧自己的文化内核，体现中华民族的文化自觉和文化自信。技术、材料、工艺、构造、结构都可以大胆向西方学习，但是这一切建筑元素的采用都是为我所用，为表达我们的文化内核服务，为扩大中国建筑文化的影响力服务。

与此同时，传统建筑文化的表达不能仅仅停留在具象的层面上，不能不顾建筑的功能和所处地域，通通给建筑戴上一顶坡屋顶的帽子或者装扮上一些古典样式的符号，而应走向更高层次的"写意"。当建筑创作在早期就被套上"样式"的枷锁，创作过程无疑已经被逼进一条死胡同，形成一切以形式结果为导向，不可能具有创造性的设计过程。无论是模仿西方样式，还是采取中式复古，都是在设计之初就掉入了形式的桎梏。比起简单地复制一种样式，建筑师更应该去分析这种样式的形态特征，抓住这种样式被认同和接纳的核心点。

例如，我们在前面的篇章中提到的唐朝建筑，规模宏大、尺度雄伟就是我们对这一时期建筑的核心认同点。以唐朝文化为主题的公园设计，我们不必去复制一个含元殿或者麟德殿，我们只需要在设计中把唐朝建筑的恢宏气势表现出来，如建筑的尺度感放大，建筑的出檐深远等。再进一步考虑，就可以将唐代建筑的画面感和色彩感带入到建筑设计中。建筑的设计应该重点体现出强盛的气势，而非小心翼翼地描摹，如图 11.5 所示，即便是小亭子也仍然能够通过尺度关系的推敲显示出宏大的构图感。即便是历史文化主题的建筑仍旧可以走出创新之路，关键在于核心认同点的思考、挖掘和把握，这一切都要基于对中国传统建筑系统的学习和理解之上。通过对比，我们会很容易把握某个时期或者某类建筑的独特性，这种独特性往往和当时的社会背景相一致，反映出真实的历史状态，也就是文化的核心认同点。

东南大学的张彤教授曾指出："从普遍意义上来说，我们这一辈人没有得到传统文化的滋养，所以我们现在设计中一谈到文化传承，就只有去找样式，找风格，但若是没有对这个样式和风格的内容有本质认识是不能达到一个准确深刻的程度的。"②上海世博会的中国馆在形体设计上就借鉴了斗拱的形式来进行创作，但现代建筑创作已不再仅仅局限于仿形的层面，而走向了更高层次的会意，并且进入

---

① 代伟，华峰. 透过中医看建筑[J]. 四川建筑科学研究，2016，42（2）：117-120.

② 王静. 传承·创新·责任——"文化自信引领建筑创新"学术研讨会综述[J]. 建筑学报，2015（6）：114-117.

了理性创新、多元发展的时期。越是对某个领域缺乏学习，越容易产生错误认知却不自知，为什么有这么多仿而不精、像而无魂的复古风建筑，缺乏创新恰恰是因为决策者和设计者缺乏对传统建筑的理解造成的。我们都知道，建筑学专业的学生在早期学习设计的途径就是临摹，这是因为没有任何基础，通过临摹可以慢慢地理解和掌握一些建筑的构成原则，画得像不像、细致与否其实并不是临摹的最终目的。对于传统建筑的学习也是如此，基本上每个建筑学专业的学生都曾经临摹或者默画过佛光寺大殿。真正参与过这一环节的学生，在几年后，可能已经不记得大殿的吻兽究竟是长什么样子的了，但是一定还清楚建筑的比例关系和典型特征，因为这才是一个朝代的建筑区别于他朝的关键内容。

图 11.5　潍坊寒亭柳毅山庄唐风亭子设计方案

　　历史的车轮不断前进，无论是复制中国的传统样式，还是照搬国外的古典形式，都是缺乏创新的表现，一种形式的出现是由当时的社会生产力、材料、技术和社会文化等综合因素决定的。我们如果不是用当时的材料、当时的技术去传承建筑的技艺，仅仅是在现代建筑的体现形式上披一层古典的外衣，那么传承将失去意义。站在当下的时间节点，创作者一方面要积极学习西方的先进技术和理念，另一方面要深入学习中国自己的传统建筑文化，尝试利用新的结构形式和技术手段实现对传统的转译和表达。

二、传承与创新

　　中国传统文化的哲学思想讲求人与自然和谐共生，把人看作是自然的一部分，人的建造行为应该顺应自然界的规律。这种设计思想在当下全球气候变暖、生态问题突出的危机面前，再一次显示出强大的生命力。当代中国建筑创作首先要明确核心的创作价值观，是标榜个人意趣、凸显新奇奢华，还是从国情出发、立足本土，让建筑回归与自然的和谐、与生态的平衡、与环境的共享。我们首先要从传统建筑文化中传承的就是共生共享、永续和谐的价值观。观念决定出路。高科技是支撑设计的有力手段，让设计从传统的定性判断走向精确的定量分析，从传统的凭借经验走向科学的数字模拟，不变的是文化内核。传承不是故步自封、不思进取，创新也不是横空出世、抛弃过往，在推陈出新的过程中，传统建筑文化被不断补充、完善和发扬。

　　木构建筑自古以来就是我国的主流建筑体系，随着现代建造技术的发展，钢材、混凝土、玻璃等人工材料被广泛应用，并且由于木材的短缺，我国传统木构逐渐退出了历史舞台。反观欧美及日本等国家，随着生态与人文关怀思想被重视，人们开始选择木材作为低能耗、可再生、易分解的天然建筑材料，开始更多地关注建筑生态和可持续发展[①]。即便是在全世界范围内，木材也被公认是唯一对环境不产生负面影响的建筑材料，其材料自身就充满着乡土气息和地方特色。中国既有木构的传统文化优势，又具备当下绿色可持续发展的时代契机。传统木构是现代木构产生的根源和基础，中国首位获得普利兹克建筑奖的建筑师王澍曾说过："传统是死的，如果你没有办法整合它，它就是死的。要整活了，才是新的。"[②]斗拱原本没法应用在当下，但是将其抽象、简化之后就能够应用在现代木构中，创新是传承活化的必经之路。

　　中国古典园林中蕴含的设计方法是中国传统建筑的精华所在。"巧于因借，精在体宜"是明末计成所著的《园冶》一书中的精辟论断，强调了建筑设计要因地制宜，依托现有环境进行创作。当代建筑与传统园林的功能和布局已经截然不同，但是仍然可以在建筑与环境的构思上给予我们启发。具体到建筑空间组织上也一样，虽然其构成要素和园林已大相径庭，但"小中见大""欲扬先抑"这些方法仍然是相同的，建筑也一样能够营造出曲径通幽、变化丰富的空间氛围。当下的建筑不必再去复刻传统园林中的亭台楼阁、山水花木，因为这些都是要素，要素可以变化，只要承袭要素构成的方法和原则，空间关系和空间体验就可以再现。

　　形式和符号是传统建筑最直观的部分，所以提到中式传统，最常想到的就是加个屋顶、勾勒一些装饰，这固然可以传达一部分传统意向，但却不能给人们带来内心更深层次的真实体验。宏观的形式是空间外化的一种表现，可以恰到好处地点缀色彩、纹样、符号等。南方建筑白墙灰瓦的艺术画面就传达出非常浓厚的传统韵味，建筑表皮运用汉字的样式进行虚实变化能够体现出诗意的光影效果，但深度体验还需要空间意境的塑造。无论是空间营造的观念、空间建构的方式，

① 翟长青，杨宾."木之建构"——关于木构建筑设计的当代思考[J]．建设科技，2017（5）：31-33.
② 王澍．一种差异性世界的建造——对城市内生活场所的重建[J]．建筑师，2012（4）：35-37.

还是空间组织的方法，都是需要着重考虑的内容。在中国传统风格符号的使用上，深圳万科第五园的设计是一次较为成功的尝试，它从中国传统园林中提取了"村、墙、院、素、冷、静"的概念。在其中看不到传统的马头墙、挑檐等，但是却有白墙黛瓦、变通的小窗、细纹的墙脚、密集的竹林、天井绿化、镂空墙、青石铺就的小巷、半开放式的庭院等①。深圳万科第五园的设计不仅仅是形式符号的提取和使用，更重要的是让空间原型经过变通为使用者带来移步换景的深度体验。

　　我们国家有着几千年灿烂的建筑文明，历经演变，形成独具风格且形式丰富的建筑体系。要想让传统能够鲜活地留在当下，创新是必不可少的；要想让中国的建筑走上创新之路，继承是不可或缺的。中国建筑创作要从传统走向未来，离开传统，当下的建筑就是无根之木、无源之水。传承不是复古，创新也不是崇洋，当代建筑要表达出文化内涵和地域特色，立足当下向传统追根溯源。

拓展阅读书目

1. 吴良镛. 广义建筑学[M]. 北京：清华大学出版社，1989.
2. 王其亨. 风水理论研究[M]. 天津：天津大学出版社，1992.
3. 中华人民共和国住房和城乡建设部. 中国传统建筑解析与传承[M]. 北京：中国建筑工业出版社，2016.
4. 周若祁，赵安启. 中国传统建筑的绿色技术与人文理念[M]. 北京：中国建筑工业出版社，2017.

---

① 龚曲艺，王锡琴，叶鑫，等. 论建筑符号学对建筑设计的重要性[J]. 建材与装饰，2018（43）：91-92.

第十二章　当代建筑对中国传统建造方式的再演绎

一栋建筑的建造方式和它选择的建筑材料的关系密不可分。美国著名建筑师路易斯·康曾说："建筑师的职责是让每一块砖头回归到它自己的位置，建筑师不是在圆自己的梦，而是在帮助砖头完成它们的梦想。" 建筑的建造要忠于建材本身的性能，无论是石块还是砖块，其理所应当要采取的建造方式就是进行砌筑，而对于木材来说，更适合它的建造逻辑是形成一榀一榀的木构架。建筑师要根据建造的地域，选择合适的建筑材料，然后用合适的建造方式和建构逻辑去表达材料。每一种材料都有自己的能量，建筑师就是要物尽其用，让特定的材料释放出独特的能量。

第一节　传统材料及建造方式的重生
——业余建筑工作室相关作品分析

王澍所创立的业余建筑工作室的作品富有先锋性和实验性，用富有特色的表达方式，诠释出对中国文化的理解，并且运用传统的建筑材料建立了新的建造逻辑，对传统的建造体系进行了创新性的演绎。王澍之所以能够在建筑界享有如此高的声誉，在于他始终承认现代与传统之间的差异，尊重这种差异，并且能够在此基础之上完成传统在现代中的演绎。全球化背景下，王澍在用自己独特的建造语言强化中国文化的识别性和特征。

一、循环建造模式的践行——中国美术学院象山校区一期

对于王澍而言，青瓦是具有历史感的。在中国美术学院象山校区修建之前，王澍便一直在收集旧瓦，到第一期工程开工前一天，他在浙江省内已收集了330万件砖瓦。到第二期工程结束，象山校区共使用700万块不同年代的旧砖弃瓦[①]。这些旧瓦的规格、色泽、形制都不完全相同，它们共同使得新建建筑淹没在周围环境之中，因为材料本身就具有历史感和沧桑感。这些别人眼中的废料，在象山校区中重新焕发活力，采用回收材料将花费减至新材料的一半甚至更低。早在五散

① 刘清怡. 技术视野下传统与现代在"结点"上的相对独立性——以王澍作品为例[J]. 四川建材，2016，42（2）：83-84.

房的设计中，王澍已经开始用钢筋混凝土作为结构层，上面附上青瓦作为屋面层。
象山校区沿用了这一做法，并且还设计了青瓦披檐，旧瓦使得整个校园充满了人
文气息。

在一座清朝或者民国的老房子里，唐宋明清的材料都可能会被找到，因为崇
尚节俭一直是中国传统的美德。中国传统建造方式中蕴含了"循环建造"的思想，
拆了房子之后人们都会利用旧材料重新建造，而不是将这些材料简单抛弃。将回
收的瓦片融入设计创作中，一方面是基于对中国建造热潮的冷静思考，另一方面
是基于对传统建造的考察和关注。现今的城市中到处充斥着拆旧建新的项目，这
其实给回收材料提供了很大的平台。王澍曾经提到："仅浙江一省的瓦片就有 80
多种规格，我曾在一面 4 平方米的瓦爿墙上发现了 84 种不同的材料。瓦片有完整
的，也有 1/2 和 1/4 大小的，墙上甚至还砌有比 1/4 瓦片还小的碎屑。那个建筑建
完之后，地上连一片瓦片碎屑都没有，那才是干净彻底的节约。"传统的建筑方式
中蕴含了大量生态、节能的思想，瓦爿墙就是将废旧破损材料回收利用，并将其
变废为宝、物尽其用的典例。象山校区延续了瓦爿墙循环建造的模式，如图 12.1
所示。建筑师把原本被拆迁后混乱丢弃的旧砖瓦，作为文化传承、记忆延续的载
体，建造具有独特历史内涵的建筑。

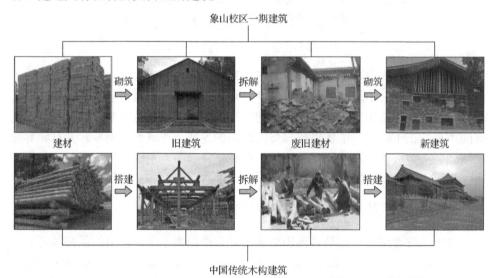

图 12.1　象山校区的循环建造模式分析

整个象山校区的规划是从中国造园思想出发的，游览其中会发现很多似曾相
识的园林要素，如图 12.2 所示。这些独具特色的建筑要素，并没有采用传统的建
造方式来表达，可见传统建造方式的使用还是有一定的局限性。当建筑的跨度变
大、体量变高，建筑还是采用混凝土结构、钢结构来满足当代建筑的需求。但从

整体风格上看，旧砖瓦和裸露的混凝土、钢架很协调，质朴而富有情趣，符合整体规划的文化内涵。

图 12.2　象山校区的园林要素

二、夯土与木构的革新——水岸山居（象山校区二期专家接待中心）

中国美术学院象山校区的"水岸山居"专家楼，内设茶室、餐厅、客房等。设计师通过这个房子探索了如何将传统的夯土、木构建造工艺挖掘革新后应用到当下的建筑中。计成所说的"虽由人作，宛自天开"便是和自然完全朴素融合的一种状态。但在"水岸山居"这个房子里，还有更深的一层含义，那就是把"匠作之道"提升到了一个更高的层次上，成了一种观念自觉的努力①。可以说，这座房子从建构的层面表达出了创作者对待自然、传统的态度。它向中国的建筑师发出一种必要的召唤：将传统营造做法纳入当下的建造体系。

"水岸山居"的土墙配料是纯土、沙和水，除此之外没有掺杂其他材料。夯土是一种几乎快被我们大众所遗忘的传统建造方式，王澍曾说过："我对土感兴趣，我们用的东西来自土，最后也可以归置于土。"这种建造体系不同于当下流行的混凝土建筑体系，基础需要浇灌很多混凝土，当建筑不再适应发展的需要而被拆除后，其所在的土地就会成为荒地，无法再进行耕种，难以进行生态恢复。如图12.3所示，福建土楼虽然也能够做到庞大的体型，但是它的基础是石块，来源于自然。而其上部的土墙即便是被推倒，也不会对生态产生负担。然而将传统夯土在当今

---

① 陈立超. 匠作之道，宛自天开——"水岸山居"夯土营造实录[J]. 建筑学报，2014（1）：48-51.

技术下进行应用，需要进行大量的试验，并且要适用于框架填充墙，以满足大空间和抗震性能的要求。

图 12.3　福建初溪土楼群

"水岸山居"的屋顶所用的木材是标准尺寸 10 厘米见方的木料。使用小木料其实是建筑师基于当下木料短缺的现状所做的生态性的选择。中国传统木构建筑在发展过程中也呈现出了这样一个趋势，唐宋时期建筑的用料尺寸都非常大，元朝以后逐渐变小，这正是由于木材枯竭引起的变化。虽然材料的用料尺寸很小，但是其形成的屋顶跨度可以超过 20 米。在结构设计的过程中，结构师发现单纯地使用木材不能满足结构的力学性能，在保证用料外观尺寸协调统一的基础上，将原来的单根方木分成两根扁木，在其中加入截面不同的钢骨，最终形成钢木混合构件，以提高结构承载力。由于屋架的结构构造非常复杂，结构师进行了计算和试验，以确定钢木构件的分布；并且在从单榀屋架扩展到整体屋架的过程中，结构师还要设计出合理支撑系统，进行试验并纠正方案。

特殊形式的建筑营造，需要结构工程师在充分理解建筑师设计理念的基础上突破传统思维，从最基本力学概念出发，以大胆假设、小心求证的科学探索精神，采取非常规的技术手段达到安全、适用、经济的设计目标[①]。如图 12.4 所示，以"水岸山居"为例，不经过开拓创新，传统就无法存活在当下，创新为传统注入了生命力。在"水岸山居"的游览体验过程中，参观者经常会看到中国传统建筑的影子，如图 12.5 所示，木构架下面开放的灰空间会令人想起传统木构层层叠叠的斗拱支撑的出挑屋檐下的空间；错综复杂的走廊会让人想起古典园林中曲折不尽的游廊；狭长的内院会使人联想到南方的天井式住宅。传统建造方式的沿用进一步增强了观赏者对中国传统建筑的认知感。

① 申屠团兵，陈永兵，何崴江. 本土营造观下结构与建筑设计的协作——"水岸山居"结构设计的回顾与反思[J]. 建筑学报，2014（1）：52-55.

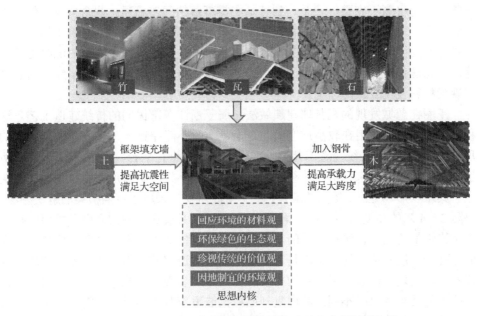

图 12.4　"水岸山居"传统材料的应用及建造方式的创新分析

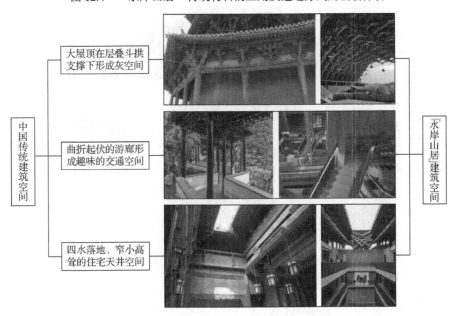

图 12.5　"水岸山居"建筑空间传统意向分析

三、瓦爿墙与竹模板混凝土的实践——宁波博物馆

宁波博物馆位于一片由远山围绕的平原上。随着城市的扩张，周围的几十个

村落被拆得仅剩不完整的一个，到处是零零落落的残砖碎瓦。业余建筑工作室在此设计了一座人工山体。从博物馆的立面来看，主要是运用了两种表皮的做法，一种是利用回收的旧砖瓦砌筑的瓦爿墙，另一种是利用竹模板浇筑的混凝土墙，这两种做法都流露出浓浓的中国韵味，前者是将传统做法进行新的演绎，后者是将现代材料复刻乡土的印记。

王澍在慈城发现的瓦爿墙建造做法，属于浙江东部民间的传统建造工艺。这种做法一般只能应用在较小尺度的建筑上，一般不能超过 4 米，而宁波博物馆的尺度高达 20 米，传统建造工艺要与现代结构体系进行融合、重生。如图 12.6 所示，从结构性能上来分析，传统的瓦爿墙稳定性不好、材料尺寸不统一，这也决定了其难以形成更高、更大的墙体构造。宁波博物馆采取了穿插横梁的解决办法，每隔 3～4 米的高度就用一根托梁将墙体断开。瓦爿墙在博物馆立面上主要是扮演了装饰性的角色，在结构方面的功能则次之。从构造上分析瓦爿墙是博物馆表皮的最外侧一层构造，往里依次是瓦爿墙衬墙、构造空腔、内隔墙。这样的墙体构成能够满足现代建筑保温隔热的需求。传统建筑和现代建筑在功能上、尺度上、性能上的要求都已经不同，原样复制已经无法适应时代的发展和需求，传统建造方式的改革是传承的必经之路。

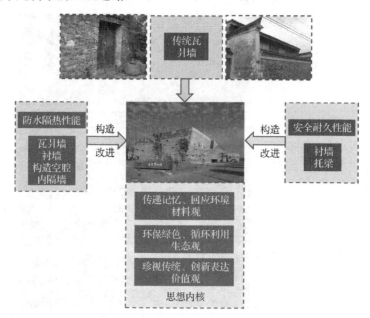

图 12.6　宁波博物馆瓦爿墙改进分析

宁波博物馆的废旧砖瓦都是就地取材的"独一无二"的孤品，没有统一的尺寸。建筑师将建筑表皮划分了不同的砌筑区域，形成类似中国画皴法形成的肌理，在确定的基本构图原则下让工匠自由发挥进行砌筑。对匠作传统的重视和保留不光是工艺层面的传承，还留存了一个城市的共同记忆。城市化进程中，不管是传统的记忆还是技艺，都在更新的浪潮中逐渐消失，建筑师通过巧妙的构思让传统"活"下来，让中国城市的"差异"保存下来，建筑成为最直观的"收集器"。

在混凝土墙面肌理的表达上，建筑师考虑将具有江南特色的毛竹运用到饰面效果中，如图12.7所示。用毛竹制作混凝土模板，是从未有过的尝试。由于竹子本身易开裂、差异性大、耐腐蚀性差，设计施工团队进行了无数次试验，才探索出了具体的施工工法，并申请了国家专利。建筑外墙直立的部分是采用改良后的瓦爿墙做法，倾斜的部分采用竹模板混凝土墙，室内墙面也基本采用此做法。混凝土墙和瓦爿墙具有相似的横向肌理感和岁月沧桑感，并且都与传统材料发生了关联。瓦爿墙借助当代的建筑技术对传统构造做法进行创新，竹纹理混凝土墙则是在当今普遍使用的现浇技术中对传统材料的纹理进行转译。

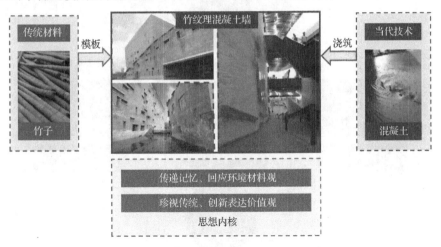

图12.7　宁波博物馆竹纹理混凝土墙分析

四、小结

通过传统材料语言、建构方式去构建空间世界，是业余建筑工作室探索表达传统的途径。建筑的建造最终要通过材料去实现，我国传统建材主要是土、木、砖、瓦、石等，这些材料本身就保留着独特的韵味，和传统建筑文化有着丝丝入扣的联系。在当代建筑中使用部分传统材料，融合传统的工艺，会赋予建筑一种人文情怀。

沿袭和创新传统建造方式，一方面是赋予了当代建筑传统文化韵味，另一方面是要体现绿色环保的生态观念。建筑设计并不刻意为了表现传统而给建筑戴上帽子或穿上衣服，这会导致建设过程在形式的枷锁上浪费更多的资源，而建筑的发展始终要从过去走向未来。传统的木构材料经历了从大木料到小木料，从实木到胶合木的演变，建筑材料自身在发展，建造方式必然随之进行革新，外化出来的建筑形式也必然不同以往。王澍所在的中国美院关于建筑的教学体系都是从材料和建造开始的，这种体系不同于国内大多数院校将建筑设计课程和实地建造课程分开设置的体系，同时也体现出王澍作为建筑师和教师双重身份对材料和建构所坚持的态度。一个建筑师的价值取向决定了设计的方向，从宏观上看是对待传统文化的态度，从微观来看，就是对待材料、建造、结构、空间、场地、文脉、地域等问题的态度。如图 12.8 所示，无论是传统材料还是传统的建构方式，若不与新材料、新技术结合是无法适应当代建筑更大规模、更大体量、更大跨度的需求的，传承和创新是建筑向前发展不可分割的两个方面。

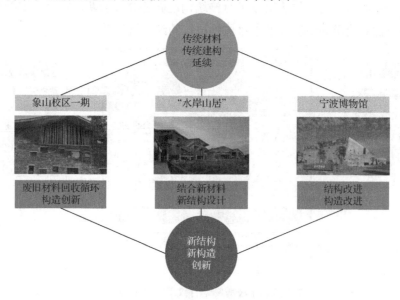

图 12.8　业余建筑工作室作品中蕴含的设计思想分析

第二节　环境差异与建造差异
——迹·建筑事务所（TAO）相关作品分析

一、乡村中的传统建造体系——高黎贡手工造纸博物馆

博物馆位于一个有着悠久手工造纸历史的传统村落——云南腾冲高黎贡山脚下的新庄村龙上寨。建筑的建造目的是向来访者展示这里古老的手工造纸工艺，

及相关的文化产品。建筑内部还包括工作空间、茶室和客房等。建筑如同一个缩微的村庄，由几个小体量组成建筑聚落的形态。整个村子包括博物馆在内又是一个更大的博物馆，每一户人家都成为展示者。建筑流线在建筑内部的展览和建筑外部的景观之间相互切换，暗示出古老的造纸工艺、建筑以及环境的密不可分。

　　建筑师就地取材，选用当地产的杉木、竹子、手工纸等自然材料作为建筑的主体建材，这些材料具有低能耗、可降解的特点，可以尽可能多地减少建筑对环境产生的影响。建造形式是衷于建筑材料和建筑结构的真实表达，并且真实地体现出施工过程中的建造痕迹。建筑结构结合了传统木结构体系和现代构造做法，建筑由当地工匠建造完成，使项目建设本身也成为地域传统资源保护和发展的一部分。任何事物都是取自自然，又回归自然，手工纸、建筑都是如此。建筑的设计也同手工纸一样，善待自然，与环境友善，绿色无污染，高黎贡手工造纸博物馆设计分析如图 12.9 所示。

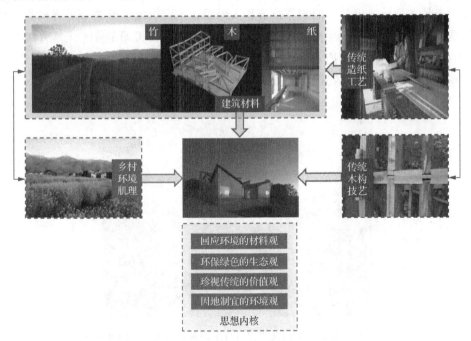

图 12.9　高黎贡手工造纸博物馆设计分析

　　建筑设计出发点基于这样的思考：正如手工造纸这种技艺一般，完全是当地环境和传统作用下的产物，建筑也应根植于当地的土壤，并从中汲取营养的产物。建筑师希望博物馆建设活动能够充分调动当地的各种资源，让建筑成为地域传统的一种载体。当地有着丰富的林木资源，工匠也有着做传统木构的经验，木材自然而然地成为建筑的材料选择。与现代建筑中喜欢使用的混凝土不同，木材并不会产生难以处理的建筑垃圾，能够比较"轻"地回归自然。建筑屋顶采用当地的金竹，墙面采用杉木，地面基础采用火山岩，就连展厅室内也用当地的手工纸来做墙面，全部是当地便捷、充裕的资源，建筑充分融入当地。在建筑建设施工过程中，当地的工人还获得了许多新的经验，例如，屋顶龙骨和防水层之间的缝隙处理、火山石上涂刷树脂以防水，这个项目还在一定程度上发展了当地的建造技术。

通过这个项目的实践，建筑师还得出这样的思考：在中国很多当代的建筑中，都重视纯粹抽象的建筑形象，而其建造过程的信息都被隐藏或刻意抹去。博物馆中保留的建造痕迹，诚实地反映出材料、结构等元素的真实逻辑。建筑建造的结果和它所承载的历史信息一起构成了建筑的全部，这个博物馆还能够还原建造的过程，呈现建造的技艺。这种理念与手工纸的价值内涵是一致的，手工的价值就在于产品本身反映出劳动的制作痕迹和人为因素，而机器造纸缺少质感和情感的呈现。博物馆带给我们现代人更多关于传统手工制造在机器工业时代具有何种意义的思考。如图 12.10 所示，随着时间流逝，风吹、日晒、雨淋在博物馆上留下更多自然的痕迹，让博物馆看上去更像"土著"的房屋。

图 12.10　经过时间洗礼和岁月打磨的高黎贡手工造纸博物馆

二、城市中的新型建造体系——林会所

林会所选址在北京东部运河森林公园，与上一个案例博物馆的乡土环境截然不同，会所位于国内一线城市，且在未来市场环境的不确定因素影响下，建筑的功能也可能会面临改变。目前，林会所的内部空间包含了咖啡厅、餐厅、接待室、

活动与展览室等。由于业主的任务书并不会给设计师足够的限制或启示，于是设计师便从场地环境中去寻求建筑构思。

如图 12.11 所示，基于建筑周边所处的公园环境，林会所最终没有设置隔墙，远远看去是水平的屋顶和地面延展而成的水平开放空间。水平延展的视线控制更容易将人引导至公园的自然环境中。建筑结构受到周边森林树木形态的启发，采用了类似树形的一种结构单元，相互连接形成了一个完整的结构体系。在建筑的空间营造过程中，建筑师希望创作出类似树下的空间，建筑在树形结构之下形成隐蔽的空间。每一棵树形结构体都是一个单元，相似却不同，作为建筑的空间原型，被加以复制而形成"树林"。由于"树林"的边界自由且可无限延伸，因此建筑也可以延续这种灵活性来进行设计和建造，能够分期进行。

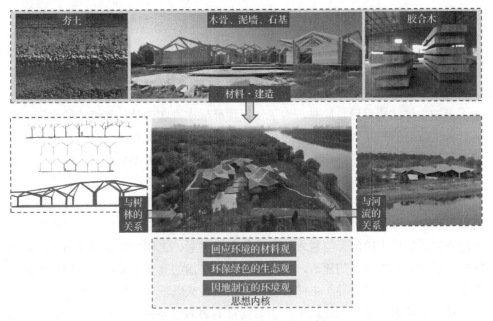

图 12.11　林会所设计思想分析

建筑从平面上看轻微曲折，单元为数个不规则的四边形，从剖面上看柱子高度也不同，这种变化形成了动态的空间景观，建筑采用分散的体量、自由的边界以适应周边的自然环境，并且更易于避让需要保留的树木，如图 12.12 所示。建筑没有给人以强烈的限定感或者边界感，这与建筑功能的不确定性也有一定的关系。使用者不一定能对建筑的形体有一个清晰的认识，但是会深深被建筑中的氛围所感染。

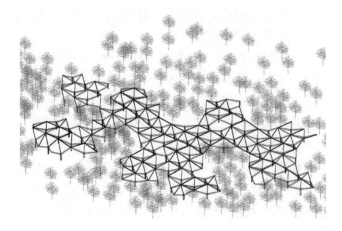

图 12.12　林会所的动态体型、自由边界及分散布局

　　木结构是建筑师自然而然的选择，不仅符合树林的环境和氛围，也更为轻质，易于加工，便于施工，与设计意图相契合。主体木结构下方设混凝土平台，正如中国传统木构建筑中都会设置台基一样，出于防水避潮的需要，混凝土平台也是为了保护主体结构而设。同时，为了使屋顶显现出真实的结构和纯粹的空间，不适宜再进行装修和吊顶，将各种设备及其检修空间都布置在平台之下，也是对主体空间的解放。各个结构单元形成高低起伏的屋面，雨水汇集在低点后，正好可以从下方隐藏在柱子中的雨水管流至混凝土平台下方。

　　建筑的围护结构主要是玻璃幕墙，非常轻盈通透，利于将周围的景色最大限度引入建筑内部。局部的实墙采用就地挖掘出来的土做成夯土墙，与主体的木构一起呼应了场地中的泥土与树木。从节能角度来看，土和木都是很好的保温隔热材料，省去附加保温层的建造，建筑内外一致，简约真实地呈现出其建构逻辑。建筑的夹层空间均采用异于主体材料的钢板或者夹纸玻璃，更容易形成视觉上脱离、悬浮的效果。游走在建筑中，空间没有明确的引导性和方向性，正如林中漫步一般。

三、小结

　　迹·建筑事务所（TAO）的上述两个案例均采用了木构体系，是中国传统的主流建造结构体系，但是在中国近现代的发展中逐渐被历史淘汰、被众人淡忘。高黎贡手工造纸博物馆采用的是实木构架，建筑也更接近传统的建构，而林会所的木结构采用的是现代胶合木，已经脱离了传统的轨迹。由于胶合木的强度更高、结构更均匀，构件可以具有更小的断面，不易开裂和变形，耐久性更好，更适合工业化的加工。高黎贡手工造纸博物馆地处尚未被工业化席卷的乡村，运用传统的榫卯结构，由当地匠人建造。而林会所身处北京这种大都市，不可能再完全使用过去的建造语言，这种差异性的出现恰恰是因地制宜的结果，如图 12.13 所示。

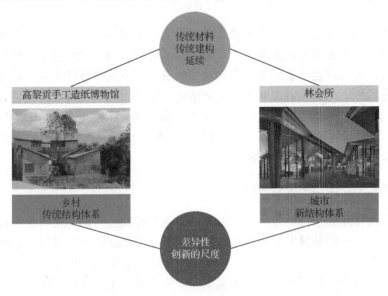

图 12.13　迹·建筑事务所（TAO）两个作品的差异性分析

　　木材作为自然材料，有众多优势，自然亲和的天性使其在建筑中有很大的应用空间。作为可再生、易于加工的材料，木建筑原本应被更加普遍运用。正如在中国几千年的传统建造历史中，木结构是绝对主流的体系。中国传统的榫卯体系是一套高度成熟且充满智慧的建造逻辑，易于建造、抗震，可以拆装、迁建。但在当代资源短缺以及工业生产的冲击下，木构一度没落甚至处于面临消亡的境地。

　　木材由于自身力学特性的局限，适合建造低层建筑，并且其防火耐腐方面具有不足，在建造上具有一定限制。随着技术的进步，胶合木出现并发展为一种产业。剩余的碎木可聚合再加工成整材，充分利用原料并改善力学耐久性能，使其具有广泛的应用价值。尽管木结构本身不太适合高密度城市的需求，但是其环保、预制装配等特性，更适合那些地处自然环境、低密度的项目。木建筑虽然不能够再度成为中国主流的建造结构体系，但当代建筑师应以一种包容的态度去学习和使用，尤其是传统木构体系的传承和革新，还需要大胆去实践、探索。

第三节　传统建造方式再演绎的思想内核

在传统的建造活动中，主要角色是房屋的主人和建造的工匠，他们分别是话语权的拥有者和建造方式的继承者。通过前面对两个独立建筑事务所的代表作品进行分析，可以判定建筑师要想自如地对传统建造方式进行活化利用就必须在地建造、驻场施工，甚至需要对革新的做法进行反复试验。传统建造技艺如果仅仅依靠民间的自发力量很难进行传承，建筑师的创作是助推传统技艺不断革新、完善、适应新时代的最直接力量，而建筑师在创作的过程中也要持有以下思想观念，才能更好地保持传统建造技艺的生命力。

一、传递记忆、回应环境的材料观

材料是营建的基础，是构造的载体，体现着建筑设计的风格，能够传递人们的集体记忆，回应特殊的城市环境。但并不是越多地应用传统材料就越能够达到表现传统文化的目的，新型建材的出现大大改善了建筑的性能，随着技术的进步，很多材料的自重也都越来越轻，为轻型工业化建筑的推广提供了条件。材料的革新与发展会推动建筑行业的进步，传统建筑材料还要在适宜、恰当的前提下使用，要与建筑所处的地域有很好的契合关系，与建筑的功能定位也要紧密结合。而且对于不同地域的建筑来说，其所处的环境是传统乡村还是现代都市，是否有历史文脉都会对建筑材料的选择产生影响。通过前面的案例分析，我们不难发现，建筑师即便运用了传统材料，建造方式也在创新。只有将传统材料进行技术上的革新，它们的力学性能才能够适应当代建筑大规模、大体量的需求。传统材料与新材料的结合其实能够最大限度地发挥出两者的优势，传统材料与新技术的融合能够使传统材料更加合理地应用在当代建筑中，传统材料与新工艺的结合能够增强传统材料的表现力。建筑所处的环境不同，传统建筑材料的应用方式也不同。

二、环保绿色、循环利用的生态观

建筑废弃物的数量与日俱增，建筑垃圾已经成为困扰当代中国城市发展的难题。面对数量庞大的建筑废弃物，各国自 20 世纪 70 年代以来相继制定相关法律法规，寻求废旧材料循环利用的方法，减少建筑废弃物对环境的影响[①]。中国传统建筑，特别是主流木构体系，有一个很重要的特点就是可拆解，传统建造方式中蕴含了先进的循环建造思想。现代建筑在建造时就往往没有考虑未来的拆解问题，

---

① 贡小雷. 建筑拆解下的废旧材料生态利用[J]. 建筑学报, 2011 (3): 88-92.

到不再适合使用时只能选择破坏性的拆除。所以宁波博物馆之所以能够获得如此多的褒奖，并不仅仅因为其采用了传统材料和构造，更重要的是这些材料本身就是被城市建设所遗弃的废旧材料，通过建筑师的巧思才得以点石成金、变废为宝。如图 12.14 所示，山东临沂的朱家林村在进行乡村改造时，将原来村村通的混凝土马路进行破碎，其中一部分混凝土块压碎后用来制作路基，然后将大量碎块结合乡土风格重新利用，改造铺设成透水路面，还将多余材料铺设成再生广场。村口"再生之塔"游客中心的建筑表皮采用老门板、砖瓦、藤编、黄草等乡村废旧材料和生态材料，在留住乡村记忆的基础上进行了创新使用。朱家林村的改造方式本身就是传统的循环建造模式，不在于它究竟用了多少传统材料进行建造，单单是混凝土的路面再利用也仍然能够显现出传统智慧。

（a）透水路面　　　　　　　（b）再生广场　　　　　　（c）游客中心建筑表皮

图 12.14　朱家林村改造后图片

三、珍视传统、创新表达的价值观

建筑设计归根到底还是体现出一种价值观，而不是技术观[①]。有什么样的价值观，就有什么样的建筑实践，价值观是建筑设计的风向标，贯穿整个建筑设计的过程。中国一度被称为是外国建筑师的试验场，建成了一大批外国建筑师的作品，很多优秀的中国本土设计师却都没有施展空间。而国外建筑师的作品是否符合中国社会主义初级阶段的国情？是否能够扎根中国本土？我们不否认很多外国建筑师的观念新潮前卫，确实有值得中国学习之处，但是他们最关注的是表达自己、推行新的建筑理念和设计方法，而不是细心体察中国当地的地域文化。深圳获得2011 年第 26 届世界大学生夏季运动会的举办权后进行运动场地规划方案的国际招标，德国 GMP 公司设计的运动会场馆方案中标。该建筑方案外观采用了全透明的"钻石"形象，以达到新颖美观的效果。透明形象对处在夏热冬暖气候区的深圳来说，对节能减排非常不利。深圳建科院后期又对建筑的外围护结构进行构

---

① 深圳市建筑设计研究总院. 绿色建筑不能做表面文章[J]. 工程质量，2007（19）：62-63.

造设计，以加强自然通风、遮阳隔热、降低机械通风的能耗，来弥补 GMP 公司不利于节能的方案设计。比起外国的建筑师，中国本土的建筑师更能透彻地分析地域特征，也更加珍视自己宝贵的传统。传统和历史不同，传统是历史向前发展、继承、创新的表现，是世代相传的思想文化等的内在力量。建筑设计不是无源之水、无根之木，它是在某个具体文化语境中展开的创作活动，反映出价值观的取向，而优秀传统文化正是建筑创新的源泉。

四、因地制宜、和谐共生的环境观

建筑是人与自然之间的媒介，建筑设计应当努力构建建筑与环境的和谐关系。传统的城市和建筑基本上都是顺应自然、利用环境、依赖气候条件的产物，寒冷的北方利用蓄热性能好的厚墙体，湿热的南方则采用外廊和底层架空的形式，建筑的布局和形式都是因地制宜的结果，所以传统建筑的地域性才会非常显著。换一种角度去看传统建筑，它对自然环境的态度是谦逊的。虽然现代科技的发展似乎一度让建筑摆脱了环境的制约，但这其实是人类自我蒙蔽所制作出来的假象。现代建筑的新材料、新技术不断涌现，特别是空调设备的出现，使建筑可以跨越地域环境的限制，不论大江南北都创造出同样舒适的物理环境。一方面，建筑不能从过去的被动适应跨越到过度索取，不能一味强调人的舒适性去耗费过多的资源。另一方面，当代建筑的发展，不能为了凸显地域特征，就强制使用因循守旧的传统建造方式。建筑师选择和革新建造方式的首要标准是适宜，与建筑的功能类型适宜，与建筑的场所环境适宜，与建筑的历史文脉适宜，与建筑的可持续发展适宜。建筑要想实现人与自然和谐共生的目标，就要从传统建造活动中汲取智慧，在环境中顺势而为、借势发力。

拓展阅读书目

1. 王澍. 设计的开始[M]. 北京：中国建筑工业出版社，2002.
2. 王澍. 造房子[M]. 长沙：湖南美术出版社，2016.
3. 华黎. 起点与重力[M]. 北京：中国建筑工业出版社，2015.
4. 深圳市建筑科学研究院股份有限公司. 共享·一座建筑和她的故事[M]. 北京：中国建筑工业出版社，2011.
5. 李合群. 中国传统建筑构造[M]. 北京：北京大学出版社，2010.
6. 姜振鹏. 传统建筑园林营造技艺[M]. 北京：中国建筑工业出版社，2013.

第十三章　当代建筑对中国传统空间布局的再诠释

当代中国的建筑师在建筑实践中做过很多有益的尝试，特别是独立的建筑师事务所或工作室，他们基于传统、扎根当地，他们有小情趣也有大情怀，他们有着自己独立的批判性思考并付诸实践，他们慢慢走进人们的视野，他们在更大的舞台发出自己的声音和宣言。早在1993年，中国住房和城乡建设部颁布《私营设计事务所试点办法》时，张永和就在同年成立了非常建筑工作室，代表着中国当代实验型建筑师的崛起。前面提到的业余建筑工作室、迹·建筑事务所（TAO）都属此类，他们的作品是将建筑置于中国特色的历史背景和文化脉络之中而产生新的理解和表达。这些建筑师和他们所在的团队往往都具有全球化的视角，并且具有独立的思考和批判精神，从而在创作中保持自己的立场和人文特质，下面提到的山水秀建筑设计事务所也是如此。

第一节　传统空间布局的差异化表达
——山水秀建筑设计事务所作品解析

山水秀建筑设计事务所以平等和开放的态度看待所有时代、所有地域的设计资源。他们相信，建筑来源于人对自然和生活最基本的感知。中国传统文化一直强调天人合一、物我一体的思想，从来没有凸显出人对自然的控制、改造与经营的欲望，而将自我与外界看作是平等、和谐、共融的整体。山水秀建筑设计事务所也提出了建筑不仅要响应人的需求，还要积极担当人与环境之间的媒介。透过建筑，其作品寻求空间与时间的相生相融，寻求在人、自然及社会之间建立平衡而又充满生机的关联。这一切，都必须经由材料、技术、形式等"物"的组织来实现。如若仅仅从设计的结果来看，建筑作品的外形没有丝毫复古的痕迹，但是从设计者的出发点，到设计过程的操作策略，再到最终落成的空间效果，都具有中国传统文化深深的烙印。下面将以山水秀建筑设计事务所设计的一组作品为例，分析中国传统建筑对当代建筑创作的启示。

一、城市环境中传统空间意境的抽象表达——华鑫中心

华鑫中心的建造地点在上海市桂林路西，在其入口南侧有一块绿地，这块绿地以开放的姿态面向城市的干道，并且在其中有六棵大香樟树，场地环境成为触发设计的关键点。设计师由此出发，确立了华鑫中心的两个基本操作策略：一是为了最大化地开放地面绿化空间，将建筑主体抬高至二层高度；二是在保留六棵大香樟树的基础上，将建筑与树木建立起亲密的互动关系。如图 13.1 所示，建筑的一层平面留出较多的开放空间，除去入口的门厅和落地的结构设备，尽可能地将土地分享给城市的公共空间环境。如图 13.2 所示，建筑的二层空间通过内置的院落打开，并且将彼此连成整体。设计者希望通过这座建筑，启发人们思考人与自然、社会的关联。

图 13.1　华鑫中心一层平面分析

图 13.2　华鑫中心二层平面分析

　　从鸟瞰关系分析，华鑫中心在城市的环境中呈现出一种消隐的姿态，没有赫然屹立在城市中，而是恰到好处地融入已有的树木中。这种因地制宜的思想在我国古代的园林建筑中有淋漓尽致的表达。如图 13.3 所示，在拙政园中人流汇集的观景点处，小桥流水、古树花木之间，屹立着一座秀美玲珑的宝塔，这为借景手法，远处的北寺塔并不是园中的建筑，将宝塔借入园中，这是"借景"中"远借"的佳例。如图 13.4 所示，颐和园向西侧层层借景，空间感无限延伸。虽然两者的尺度、规模、布局大相径庭，但其空间处理的手法却有异曲同工之妙。而华鑫中心就是物我一体的自然观在当代建筑中的创新性阐释，精确地体现在新建建筑与周边环境的协调处理上。建筑的布局设计充分体现出对于基地及周边已有自然要素的尊重，巧妙化解建筑的庞大体量，或"让"，或"围"，或"伸"，让建筑以一种舒展、亲切的姿态接近自然环境，并将环境纳入建筑中来。建筑的出现不是割裂环境、破坏环境，而是与环境合作，呈现出共赢的结果。

图 13.3　拙政园向外借景

图 13.4　颐和园向外借景

　　华鑫中心底层的架空处理、二层建筑界面的处理，使得建筑与城市、建筑与人、建筑与自然具有良好的互动关系。建筑鲜活而生动，视线通透、界面模糊，以一种开放包容的姿态融入环境、接纳自然。建筑的存在增加了室外空间的层次感，使空间达到步移景异，无限延伸扩展的效果。华鑫中心的体量虽然较为轻巧、分散和舒展，但是仍然塑造了内向的庭院空间。在建筑的二层开放空间设立了四处院子，大小有差异，但都具有内向含蓄、别有洞天的效果。内向的院落空间通过半通透的围合界面处理，立面开洞，通过廊道向外延伸。

　　华鑫中心处于上海这样一座大都市，它的建筑样式、风格都如同它所处的城市一样时尚，但是它所塑造出的空间关系、环境氛围却与传统的建筑有着相似的灵魂。如图 13.5 所示，从建筑的手法上看，底层架空、双层表皮这些都是经由西方传入中国的手法；从结构上看，钢桁架、剪力墙都是现代建筑常用的结构形式；从材料上看，不锈钢镜面、波纹扭拉铝条也全是新型的建材。所有的建筑语言都是新的，都是符合时代特性的，但它仍然表达出了传统的意蕴。

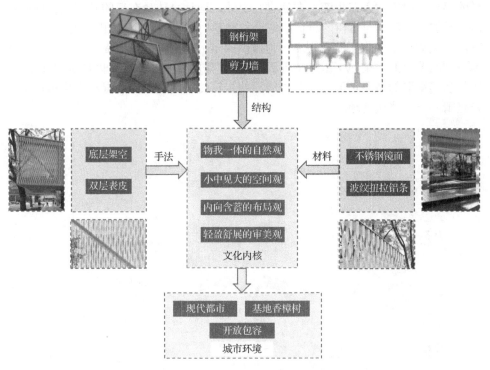

图 13.5　华鑫中心的建筑语汇与精神内核

二、古镇环境中传统空间原型的植入——朱家角人文艺术馆

朱家角人文艺术馆所处的环境与华鑫中心截然不同。上海的朱家角古镇保存完整，水乡风貌特色浓郁，以其传统的江南风情吸引了大量的来访者。朱家角人文艺术馆位于古镇入口，基地东侧保留了两棵树龄 470 年的古银杏树。这座不到 2000 平方米的小艺术馆定期展出的绘画作品主要是关于古镇的人文历史的。展室分散布置，环绕中庭展开流线的组织。二层的展厅之间塑造了气氛各异的庭院，可以用来举办小型室外展览。建筑的体量布置、内外空间处理遵照了古镇原有的肌理，使艺术作品和古镇风景都能够进入游览者的视线，物心相映、情景交融。

如图 13.6 所示，从总平面布局上可以看出，朱家角小镇有着完好的传统空间肌理，艺术馆的设计尊重已有的古镇环境，采用化整为零的体量处理，与周边环境的尺度和肌理取得协调。建筑的外形简洁、纯净、现代，并没有完全采用古镇已有的建筑形式加以模仿。体型变化的焦点聚集在二层出挑的咖啡厅兼阅览室，其形式较为特殊，是不等坡的两坡屋顶，正对古树面采用了整片的玻璃幕墙，非常通透。这种手法在园林建筑的布局中也常应用，园林的各要素之间讲究平衡互否，某种要素的布局进一步，相应的要素就要退一步。建筑由于古树的原因有退界的要求，建筑的入口也随之向后进行退让，而这个体量在退的基础上再向前伸出，显然是在表达与古树的对话，是一种对基地环境的回应，如图 13.7 所示。同时，建筑的体量在北侧街道倾斜一角微微探出，既有对入口的提示作用，又起到标志空间节点的效果，如图 13.8 所示。咖啡厅兼阅览室的体量无论是从其尺度感，还是从其采取的坡屋顶形式，都与周围的古镇传统建筑形式取得高度协调，是画龙点睛的一个体块处理。

北

0 10 20　　40米

图 13.6　朱家角人文艺术馆及周边建筑的总平面布局

图 13.7　艺术馆与古树

图 13.8　艺术馆与街道

建筑的室内空间全部围绕中庭这一核心体量展开，组织出整座建筑的动线。在首层，中庭为四周环绕的庭院引入自然光。人流通过一座极具雕塑感的楼梯可引导至二层展区。中庭四壁开设的洞口充分考虑了看与被看的视线关系，巧妙地引导和暗示空间。在艺术馆的二楼东侧布置了一个小水院，一泓清水映照出古银杏树舒展的倒影，再次完成了借景，再次与古树进行对话，如图13.9所示。这种手法在中国传统建筑中就是对景，从不同的角度、不同的高度观看同一个事物，其效果也不一样，在有限的空间范围内、在有限的景观要素中，营造出了丰富的空间体验。

图 13.9 建筑与古树

朱家角人文艺术馆所处的古镇地方风情浓郁，保护也很完好，类似于欧洲的一些古老小镇。基地周遭制约较多，设计师要创作的是一个敏感环境中的新建筑。从设计手法上看，建筑采用了底部大台基加上部小体块的体量组织方式，并且将重要体量进行扭转和悬挑。如图13.10所示，从建筑的结构上看，建筑采用了现代的钢结构加承重墙。从建筑材料上看，建筑采用了玻璃和灰色锌板。建筑并没有采用仿古的手法，但是却通过尺度的协调、体量的处理、色调的呼应，保持了小镇建筑低矮的尺度感，保护了小镇整体的建筑风貌，并且呼应了百年古树的场地环境。

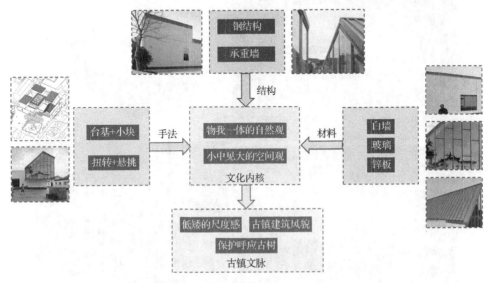

图 13.10 朱家角人文艺术馆的建筑语汇与精神内核

三、乡村环境中传统空间元素的转译——金陶村村民活动室

金陶村是上海市嘉定区马陆镇大裕村里的一个自然村。村子又由紧挨在一起的金村和陶村组成,共有约 36 户人家。小河环绕、绿竹葱翠,是具有典型传统江南风貌的村落。村民活动室的建设用地选在金、陶两村的交接处,位于三岔河口旁。场地四周空间环境开阔,能够形成聚焦点。建筑师最终设计了一座外观为六边形、环绕有内院的建筑,如图 13.11 所示。六边形对应了六个空间,其中三个为明确的功能性空间,另外三个为半室外无明确功能的灰空间。功能性空间分别是活动室、茶室、小舞台;而无明确功能的灰空间则类似三个开放的取景框,分别朝向村子的三幅风景,即东南方的石板小桥、西南方的河口、西北方的水泥桥,这些灰空间在日后自然而然地成为村民聊天纳凉的休闲场所。

图 13.11　金陶村村民活动室空间分析

建筑的六个空间围绕着中间的天井展开，天井成为空间集聚的中心所在。六个空间由六片呈放射状的承重墙划分，与其相对的六片屋顶也参照了传统内院的礼制布局，形成了与传统徽州民居做法"四水归堂"相似却又进行了变形的"六水归堂"式天井，解决了建筑的采光和排水需求，如图 13.12 所示。这六个空间的属性较为均质，在布局上并没有主次轻重之分。设计师似乎并不想界定出哪是室内空间，哪是室外空间，甚至在故意模糊空间的差异性。除去六片放射状的承重墙，由木质隔墙划分出的房间可以进行灵活地变动。在中国传统的木构建筑中，除了支撑体系的木构架，其他围护结构和空间布局都具有很大的弹性。这种空间可变的处理符合时代旋律和社会发展趋势。

图 13.12 "四水归堂"与"六水归堂"的空间类比

建筑师将金陶村村民活动室称为"风景收集器"，并认为这个建筑的空间组织具有实验性的意义，这一设计模式可以通过变形来适应不用的场地环境。其实这种空间模式的原型我们在中国的传统建筑中都曾见到过，特别是在园林建筑中。如图 13.13 所示，在苏州拙政园"与谁同坐轩"的设计中，三个景窗向园中的三个方向取景、框景。而与之相似的是，金陶村村民活动室每一个体量也都可看作是一个景窗，并且由于窗可开可合，风景也可以打开或收起，可以向内观景，也可以向外借景，更可以多重渗透。在未来，隔墙也可以随着使用的需要进行变更或者取消，建筑整体就是一个只规划了景观方向的弹性结构。

一两层两坡顶的砖混民居是金陶村村民所熟知的建筑类型，这样一座六边形建筑形态，对居住在此的村民来说是陌生的，但与基地环境所建立起的关联度却很高。建筑师也有所考虑，如果采用与村里建筑迥异的材料和建造方式，新建筑恐怕很难被村民所接受，白灰山墙之上覆着小青瓦屋面这种熟悉的建构语言能够建立起新建筑与村民的情感联系。建筑采用了普通的条形基础，上面覆以混凝土基座，上部为砖混承重墙，最上方是钢结构屋面。虽然建筑是典型的钢混结构，但是墙体表面采用青砖，隔墙采用木质隔断，结构梁外包灰色铝板，吊顶采用木条，屋面用村民熟悉的小青瓦，一切材料语言都使村民感到熟悉。在空间体验上，新建筑又跟传统建筑或者当地的乡土建筑一致，都以庭院作为重心。

图 13.13　与谁同坐轩

　　建筑建成后，迅速成为金陶村众多活动的首选地，甚至附近其他村村民进行集体活动也会选择在此处。地方戏曲演出就在面向晒谷场的戏台举行，甚至连青年人的返乡婚宴也将主台摆在这里，地方摄影展览就选在灰空间举办。村民很喜欢在这里乘凉、聊天、看书、打麻将。在金陶村村民活动室的设计中，建筑设计的手法是在借鉴了传统建筑的经典做法的基础上，又进行了创新性的表达，建筑的结构则采用了现代的钢结构屋面和砖混承重墙，而建筑的材料选取了比较具有地域性特色的瓦、木和砖。整座建筑在表达传统内核的同时，遵循了当地乡村的文脉，保持了低矮的尺度感和朴素的建筑风貌，并且在空间上链接了村民熟悉的场所，如图 13.14 所示。

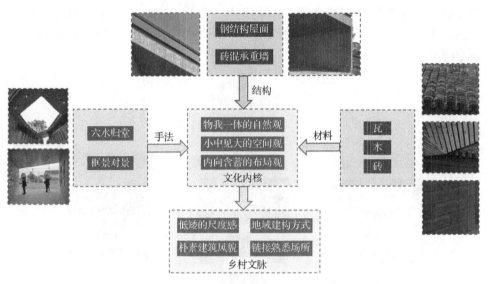

图 13.14　金陶村村民活动室的建筑语汇与精神内核

四、小结

　　山水秀建筑事务所的上述三个作品功能性质不同、所处环境不同，建筑设计采用的策略也各异，如图 13.15 所示。华鑫中心的设计已经将崭新的建筑语汇与传统建筑的元素相脱离，符合上海大都市的城市环境。朱家角人文艺术馆处于古镇之中，将符合传统建筑类型的体量植入了现代建筑体量之中。金陶村村民活动室则将传统建筑元素进行了转译，在建筑中进行了创新性的表达。三座建筑在形体上、材料上都有各自的地域性表达，但在空间组织的层面都有对传统建筑文化的创新性继承。可喜的是，即便是同一个事务所做的方案，仍然能够对传统建筑文化做出多样性的表达，并且紧紧抓住了中国传统文化的精神内核。在山水秀建筑事务所其他相关的建筑作品中，我们也能够深切地体会到这个特质。

　　通过上述案例分析，可以看出山水秀建筑事务所对待建筑的态度，是将建筑视为人与环境的媒介，通过建筑促进人与自然、人与社会的和谐共生。在山水秀建筑事务所的其他建筑作品中，也能够看到院落这一传统建筑空间的差异性设计和创新性表达。上海华东师范大学附属双语幼儿园就为身处城市的儿童设计了一个有庭院的幼儿园。庭院在中国传统的建筑中，是将天地划分出来一块放到自己的领域里，不仅是物理空间上的领属，还是情感和交往的中心。苏州东原·千浔社区中心就是通过上下交叠的剪力墙结构，形成立体庭院系统，最终呈现出建筑与人、传统、自然的紧密关联。上海嘉定新城的东来书店以墙作为语言，在建筑周边形成前院、后院、中庭及露台，让人们在开放、连续、互通的空间中有不同的体验，营造出多层次空间序列。院落这样一个传统空间，在应对不同的场地、不同的环境、不同的地域、不同的功能、不同的使用人群时，能够演绎出多样的新空间。

图 13.15　山水秀建筑事务所三个作品特点分析

第二节　尊重环境、因地制宜的空间布局
——李兴钢建筑工作室相关作品解析

一、折顶拟山、因树作庭——绩溪博物馆

绩溪博物馆位于绩溪老城区北部的核心地带，紧邻江南第一学宫、胡雪岩纪念馆，背靠百年老校绩溪中学。馆址原为县政府的旧址，同时也是明清两代县衙遗址的所在地。后来由于古城整体都被纳入了保护修整规划，需要改变原有的功能，改建为新的博物馆。一个地区的博物馆具有重要的社会职能和文化价值，参观流线和空间组织成为建筑设计的重要内容。

绩溪位于安徽黄山东麓，隶属于徽州，是古徽文化的核心地带。"徽"字可拆解为"山""水""人""文"，正是绩溪地理文化的真实写照[①]。绩溪独特的山形水系、风土人情、村镇布局成为建筑设计的重要思想源泉。早在建筑师第一次考察

---

① 李兴钢，张音玄，张哲，等．留树作庭随遇而安折顶拟山会心不远——记绩溪博物馆[J]．建筑学报，2014（2）：40-45.

基地现场时，便发现施工挖出的县衙监狱的基础和排水沟，此外还注意到基地内40多株茂盛的树木，并且基地西北部有一棵700多年的古槐。这些基地中已有的要素成为建筑师构思的重要内容，也是因地就势展开空间布局的一个重要原因。

　　建筑体量整个被覆盖在连续起伏变化的屋面之下，屋面轮廓和肌理走向如同周边的山形水系，如图13.16所示。建筑师在空间布局之初确定了一套"流离而复合，有如绩焉"的经纬控制系统，原本规则的平面控制网格，由于树木和街巷的引入而弯折流动，建筑中的街巷和庭院，与周边乃至整个古镇无数的街巷与庭院同构共存。建筑的室外空间实际上就是一套面向市民开放的公共空间系统。

图13.16　绩溪博物馆与周边环境的融合关系

　　很多徽村的村口都有一片大水面，叫作水口，水口的水沿着村子的街巷延伸，形成水圳。水口作为村子的门户和公共空间，水圳可以兼具居民生活的排水功能。在博物馆的建筑群落之中，景观水系沿着庭院和街巷展开，东西两条水圳——徽溪和乳溪，贯穿各个庭院并汇聚于主入口庭院的水口。如图13.17所示，博物馆南入口的第一进庭院，也是景观游览展开始的核心空间——明堂水院。这一进水院保留了一棵水杉、一棵玉兰，与水面、几何状的假山一起组成庭院空间。往后中间一进庭院是保留树木最多的一进，空间氛围不及第一进那样开朗，而显得荫蔽。建筑特意改变形状让出树的生存空间，呈现出建筑与树木相互依偎的紧密关系。最后一个院落是700多年树龄古槐的独木庭院，带有纪念性的院落处理得开敞而明朗，尽力展现出古树苍劲有力的体态。除去三个主要院落，还有数个因树而做的小院。整个设计施工过程，所有树木都被精心保护，建筑随遇而安，留树作庭。各个展厅内部还设有小天井，由钢框架玻璃幕墙围合，以解决展厅的自然采光和通风问题。

　　博物馆整体空间的内向性正是中国传统建筑在宗族礼制影响下而长期形成的空间特质。建筑组织过程中用到的传统语汇，连廊、巷子、水圳、合院、花窗、马头墙等都是徽州传统地域性建筑中普遍存在的要素，如图13.18所示，折顶拟山的屋顶体量处理和留树作庭的内向布局处理也都是源自传统建筑的空间形态。传统在这里并不是建筑设计的出发点或者目的所在，传统是建筑师面对地域特征、场地环境、项目要求所做出的自然、合理的选择。

图 13.17　绩溪博物馆建筑庭院空间分析

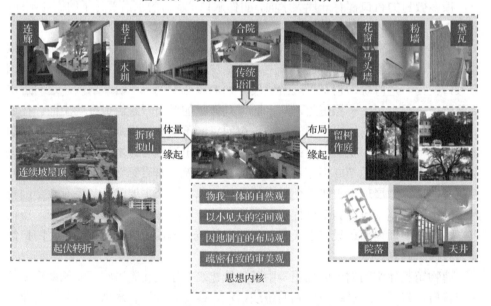

图 13.18　绩溪博物馆的传统语汇与精神内核

二、比例同构、分形加密——微缩北京：大院胡同 28 号的改造

北京大院胡同临近繁华的街区，保留了原来的聚落形态。但是在北京老城区的更新改造过程中，也有多项难题并存，大院胡同 28 号可以算作是各种病症综合并存的缩影。原有的住户已经迁出，业主想委托设计师将其改造为公寓，为人们提供长租或短租服务。院子原为三房两院的布局，面积有限，没有太多可扩展的空间，如图 13.19 所示。大院胡同 28 号中听不到商业街的热闹嘈杂，充满宁静悠闲。建筑师就是在这样的背景下展开的关于旧城更新、院落改造、居所研究的设计实践。

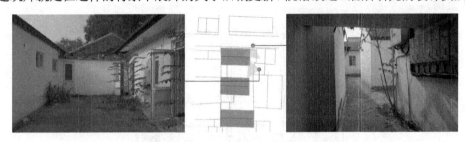

图 13.19　大院胡同 28 号原布局

元明清时期北京是完全符合中国礼制文化的城市，历来被风水学家称为"山环水抱必有气"的理想都城。这时期的北京城市建设有明显的分形结构和比例同构关系。这种结构把四合院——一种"围合住宅 + 庭院"的单一家庭居住空间模式作为最小单元，以其为原型，在不同尺度下变换，为廷、为宫、为坊、为城，每一级单元均由下一级组构，自身又构成更大单元，呈现分形特征。单跨、多跨、合院结构的层层嵌套契合中国古代的权力制度，也影射着儒家从"修身齐家"到"治国平天下"的理想①。在北京不同层级的空间中，自然元素不规则地渗透在其中，大到城市中的山水，小到合院中的花木。

当代社会城市化进程加快，要解决高居住密度的问题，就需要重新在胡同院落中建立一种规制，在沿用北京分形结构的基础上，将城市空间有序加密，将原有院落转换为包含多个居住单元和共享空间的社区，并且仍然将自然要素引入其中，创造出满足当代人身心和精神双重需求的理想居所。城市结构在原来的建筑尺度上加密，需要更多更小的空间单元去适应多户共存的现实情况。由于传统四合院是容纳家族大家庭的空间结构，随着时代的变化，已经不符合现代使用的要求，大杂院便应运而生，但是大杂院没有延续城市的分形结构和空间秩序，建筑师正试图用同构异形的空间去解决这个问题。既要遵从原有秩序，又要在多层嵌套的秩序之中保持建筑与自然的亲密关系。

在保持原建筑形体不变的前提下，外墙和屋顶的位置都不做改变，规则布置

---

① 李兴钢，侯新觉，谭舟."微缩北京"——大院胡同 28 号改造[J]. 建筑学报，2018（7）：5-15.

的混凝土墙分割出更小的空间单元，并且植入了新的结构支撑体系。每个单元都用两侧的混凝土墙体做出明确限定，每个单元西侧进一步划分出一条窄空间，由隔墙等要素进一步限定。如图 13.20 所示，这条窄空间主要包含了具有服务性功能的小单元，如入户空间、楼梯、设备间、卫生间等。位于另一侧较大的开间主要是作为小单元底层的起居空间，上部的夹层空间用作卧室。室外入口空间和内部的窄空间是对位关系，外部廊道是内部空间向外的延续，与院墙、建筑物一起构成对庭园的围合。混凝土墙板在原有建筑的基础上划分了院落建筑群组新的空间架构。

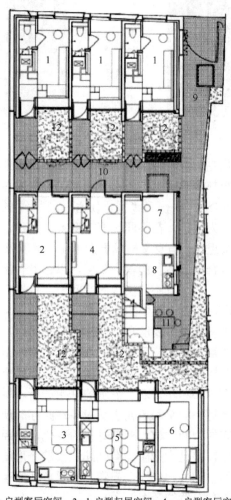

1—a 户型起居空间；2—b 户型客厅空间；3—b 户型起居空间；4—c 户型客厅空间；5—c 户型起居空间；6—c 户型主卧；7—公共餐茶空间；8—公共厨房；9—主巷道；10—廊巷；11—后庭小院；12—园。

图 13.20　大院胡同 28 号一层平面分析

如图 13.21 所示，改建后的建筑仍然延续了北京老城较为均质的布局，中屋最东侧是一个略微特殊的公共空间单元，用作咖啡和餐茶空间。公共单元坡顶的南半部分抬高拉平，形成一个二层半室外观景亭，体量向南侧探出并嵌入中屋的大体量中，其下压低作为厨房操作空间。入口巷道上方的混凝土檐板延伸到第二进院落，与观景亭连为一体，观景亭的特殊体量打破了原有坡屋顶将视线压低的形态，这里的视野突然变得开阔，近处的院落与远处的城市景观在院落空间中交织。从空间的属性上看，这是巷道将其公共的性质延伸至此空间单元。这个公共空间可以供所有居住单元的居民日常交往使用，也可向胡同中的居民和外来游客开放，成为更大范围的公共服务空间，与社区的特征更加吻合。

图 13.21　大院胡同 28 号改造和空间分析

由傅熹年先生所著的《中国古代建筑十论》一书中揭示了北京从内城、宫城、前后三殿到后宫居住区之间成比例同构关系，李兴钢认为这其中暗含的正是一种分形结构。分形结构中的局部就可以代表整体，呈现出整体的特征。建筑师在进行建筑院落组群改造的过程中，在延续原有建筑体量和肌理控制的基础上，根据北京这座城市具有比例同构关系的特点，基于城市发展的密度需求，最终提出"空间层级分形加密"的策略。建筑师的设计策略既延续传统，又立足当下，还面向未来。如图 13.22 所示，这种策略不仅保有了传统建筑的文化内核，运用了新旧结合的材料语汇，也为北京今后的改造和扩展提供了一种当代化的传统思路。

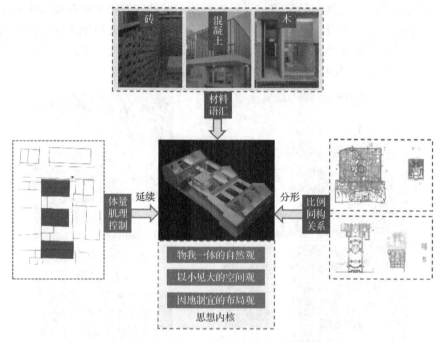

图 13.22　大院胡同 28 号改造设计思想分析

三、小结

自 2003 年李兴钢成立个人工作室以来，工作室的作品不断涌现。和早期在设计院标准职业化建筑师不同，工作室成立后李兴钢的建筑作品转向一种个人化创作理念和手法的探索。在工作室成立早期，李兴钢有着多种实践方向的尝试，后期的实践方向开始明晰，提出了"胜景几何"的理念，这一理念在前面分析的两个作品中都有呈现。"胜景几何"是经历逐步的思考和实践后，概括的一种将"自然"纳入建筑本体要素之中的新建筑及空间营造的范式，它面向一种基于普适人性的生命理想，也指向一种对当代建筑学进行修正的可能性[①]。

李兴钢对待自然的态度与传统建筑观中呈现出的态度是一致的。中国传统建筑在"天人合一、物我一体"的观念影响下，人们尽可能地顺应自然环境、利用

---

① 李兴钢. 身临其境，胜景几何"微缩北京"/大院胡同 28 号改造[J]. 时代建筑，2018（4）：84-95.

自然资源，对自然保持一种谦逊的态度。科学技术、生产力的空前发展使人类拥有了与自然抗衡的砝码，人与自然的关系发生了改变，进而向传统的价值观发起了挑战。但工业文明带来的资源枯竭、空气污染等一系列环境问题使得人们不得不重新思考与自然和谐共生的命题。如图 13.23 所示，绩溪博物馆因树作庭、折顶拟山而形成最后的空间格局，大院胡同 28 号延续城市、街区、院落的分形结构以及与自然的亲密关系而形成了高密度空间布局。两个建筑在空间上的探索都呈现出对城市特色的延续，对已有环境的尊重。建筑与基地所处的环境，无论是自然要素还是城市秩序，一旦发生了某种关系，原本"刻意为之"的建筑就多了一些必然性，而消除了人工性。这种处理方式在中国传统的园林建筑中被演绎得淋漓尽致，所谓"虽由人作，宛自天开"说的正是这种因地制宜所达到的空间意境。

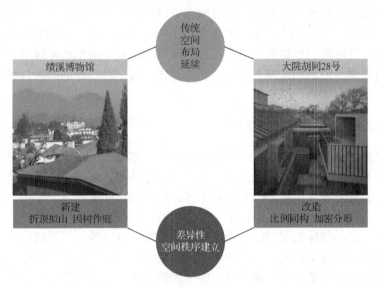

图 13.23　李兴钢建筑工作室两个作品特点分析

第三节　传统空间布局再诠释的创作思想

中国传统建筑所呈现的美并不在于惊鸿一瞥的印象，而在于沉浸其中进行连续空间体验所感受到的变幻与惊喜。空间的展开相继而来，空间的过往陆续而去，空间开合所具有的张力产生令人神往的意境。当代建筑对传统空间的再现与表达已经不能采用还原的手法，材料在变，技术在变，需求也在变，写实已经没有合适的生存土壤。写意却不然，写意不求表面形似，而更关注体验者的主观感受。当代建筑外形简洁利落是必然的趋势，而空间布局的充盈与诗意才是建筑师所努力探寻的方向。下面将从四个方面对空间创作思想进行分析。

一、天人合一、物我一体的自然观

中国文化的自然观是将自然看作包含了人类自身天人合一、物我一体的概念。不管是人类，还是山、水、花、鸟、鱼、虫等都是从属于自然世界的物质体系。相较于欧洲文明中将自然作为人类的对立面而出现在矛盾关系中，中国文化中人与自然中的其他要素都是处于同样的层次与地位上的。以中国的古典园林为例，树木虽然也要经过剪裁，但却讲究不着痕迹，尽量合乎原来的特性与规律。正如计成在《园冶》中所提到的"虽由人作，宛自天开"，这是中国古代人对环境营造的意境追求。正如中国的山水画、山水诗讲究风景和人物交替行文、相映成趣、情景交融，各种要素相互影响、相互依存。当代建筑仍然能够通过调整自身和环境的关系来表达对自然的态度，并且顺应自然的做法和现在大力倡导的绿色建筑思想是一致的。基于提倡与自然和谐共处的中国文化精神，热爱自然、顺应自然、尊重自然、将建筑因地制宜地镶嵌在自然环境中，是中国传统建筑所倡导的，这与其他建筑体系中更加强调人工与自然的对比、人工对自然的掌控等思想都截然不同。

二、小中见大、咫尺千里的空间观

中国哲学和艺术理论中有一种重要的思想，那就是以小见大、咫尺千里。以小见大反映了中国美学的内在超越思想，用有限的要素营造出无限的空间感受。中国古代的庭院或者园林，空间层次丰富，近在咫尺却无法看到尽头。例如，距离拙政园几千米之遥的北寺塔，不是园内的塔，但是园林巧借塔景使其成为园中景，这样一来，园林的空间就超越了原本的界限一直延伸到了塔的位置。建筑设计中的空间塑造也是如此，在面积和规模有限的情况下，为了扩大空间的广度和深度，可以运用借景、对景来实现小中见大的效果。在当今的建筑创作中，具体的空间手法可采用增设层次、底层架空、模糊界面、设置镜面等方式。增设层次是将建筑的空间重重分层布置再进行联系和贯通，以产生深远的景深效果。底层架空是在建筑的一层不设置室内空间，只将结构的柱子落下来，把架空的部分作为共享空间，可以实现场地中视线的穿透与通达。建筑的边界采用半透明的材质，可以对边界进行模糊、对空间进行延伸。架空部分的落地结构及设备外包不锈钢镜面，可以使原本笨重的结构通过表皮反射周边环境而达到消隐的目的。

三、内向含蓄、因地制宜的布局观

若干建筑单体与墙、廊等要素围合成封闭结构的合院，形成院落建筑单元。这种建筑群体的空间特性具有相对独立、内敛、宁静的特征，这种空间氛围与中国传统的宗族、血缘、伦理关系相适应。社会的构筑关系决定和催生了空间的处理方式，围合的空间又加强了这种社会宗族关系。另外，内向含蓄的布局观和物我一体的自然观又是紧密联系的，中国传统宅院布局虽基本为内向的院落式布置，却融入天地、花木、山水，并且强调空间层次的延绵无尽。市井园林的整体布局虽然内向，但内向中又有向外的延伸和因借，以体现小中见大的空间格局。庭院作为一种起居或活动空间，代表了一种对"独与天地精神往来"的意境追求。在现代建筑设计中，也经常运用内向的空间布局，特别是应对紧张的用地、嘈杂的环境时，尤其需要一个内向开放的共享空间。现代建筑的尺度较于传统建筑有大幅的扩张，庭院、中庭的尺度随之发生变化，全面继承传统是不可能的，而应该对其要素和边界的布置进行创新性地继承。

四、轻盈舒展、疏密有致的审美观

在中国传统建筑的审美当中，轻盈舒展指的是建筑的体量关系，而疏密有致指的是总平面的布置。中国传统的木构建筑屋顶往往向外悬挑较大的尺度，斗拱的发明和应用从而造就了平缓、轻盈、舒展、流畅的建筑外观。硕大的建筑屋顶辅以轻巧多姿的反曲线翼角，给予建筑一种灵动感，与山水林木等自然环境取得了相应的和谐；并且木构架这种结构体系本身就具有轻盈通透的特性，建筑的主立面多为开启灵活的格栅或者是开敞的柱廊，削弱了实体空间围合庭院所造成的封闭性和压抑感，而呈现出一种谦逊、友善的面貌与和谐、共生的姿态。在亲和的尺度中，建筑的体量感被弱化、透明性被加强，会呈现一种整体性的融入。这种轻盈舒展的体型特征与物我一体的自然观、内向含蓄的布局观都紧密相扣。而疏密有致不仅能够反映到传统建筑的规划布局中，还能体现在景观布置中，正如中国的山水画不仅讲究疏密，而且讲究"疏中密，密中疏"一样。这种时时处处都要体现的一种松紧关系是中国传统建筑的动势所在。正如同中国古代空灵的山水诗为我们呈现出了一个无限轻盈、"疏中有景，密处有韵"的审美世界一样，传统建筑的审美观也如此。

中国是世界闻名的文明古国，有着 5000 年的发展历史，在漫长的发展过程中，经过社会实践的检验以及历朝历代思想家的概括提炼，逐步形成了源远流长、博大精深的传统文化。中国古代不仅认为人是天地自然的产物，是生命万物中的一员，而且认为人并不混同于一般自然物，因为人能"兼乎万物，而为万物之灵"。也就是说，人类在自然的发展变化中负有独特的使命，即对万物负有一种不可推卸的道德上的义务和责任[①]。与西方文化相比，中国传统文化显示出了超强的稳定性和包容性。西方建筑更加注重建筑自身功能、技术的表达，认为外在环境是可以被改造、被控制的，在认识上就存在将建筑与环境割裂的倾向。尊重自然环境、

---

① 曲爱香. 中国传统文化中的生态伦理与可持续发展[J]. 社会科学家，2008（5）：12-14.

人文环境是中国空间布局思想的缘起，是中国几十代建筑师从事建筑创作的出发点。中国传统建筑从根源上就讲究与环境的融合，无论是建筑的选址、布局、朝向，还是空间的组合、排布、方位关系，都是从外部环境出发进行考虑，尽可能地达到建筑与环境的和谐、互利、共生。中国传统建筑中蕴含的大局意识、环境意识，自古至今一直影响着中国建筑的创作理念。

拓展阅读书目

1. 毛兵，薛晓雯. 中国传统建筑空间修辞[M]. 北京：中国建筑工业出版社，2010.
2. 朱剑飞. 中国空间策略——帝都北京[M]. 诸葛净，译. 北京：生活·读书·新知三联书店，2017.
3. 何刚. 院落组成的传统村落——空间与行为[M]. 南京：东南大学出版社，2019.
4. 郎杰，徐雁飞. 旧式迷宫——苏州传统园林空间设计研究录[M]. 北京：中国建筑工业出版社，2015.
5. 黄耘. 异域同构——传统城市空间的演替[M]. 北京：中国建筑工业出版社，2017.
6. 戴俭，邹金江. 中国传统建筑外部空间构成[M]. 武汉：湖北教育出版社，2008.

后　记

十九大报告指出："没有高度的文化自信，没有文化的繁荣兴盛，就没有中华民族伟大复兴。"[①]纵观中国近现代建筑的发展，从早期留学回国的建筑师致力于传统建筑的继承，到解放初期不懈追求民族建筑形式的创新，再到改革开放初期追求地域特色的现代表达，进而到 20 世纪 90 年代追求地域特色的多元突破，最后到 21 世纪的理性创新和多元表达，可以梳理出一条清晰的脉络：追求中国特色建筑创作占据主流地位，并显现出强大的生命力，这与深入中国人骨髓的传统文化密切相关[②]。

用当代的视角重新审视中国传统建筑，不论是整体的形态特征还是发展演变，其中所保有的文化内核未曾改变或动摇。用先进的理念、技术、材料去演绎这一内核，使传统文化的表达呈现出时代的适宜性和地域的多样性，仍是当代建筑师的使命。通过本书对当代建筑创作的反思，建筑师亟须认识到中国建筑创作应当从对形式的关注转向对建造方式的探索和对空间布局的思考，而传统建筑无论是在建造思想上，还是在布局思想上都应具有先进的文化内核。用当代的目光审视传统，用传统的智慧启迪当代，才能重拾遗落的中国传统建筑文化，我们的建筑创作才能走出清晰而自信的道路。

---

① 习近平. 决胜全面建成小康社会 夺取新时代中国特色社会主义伟大胜利——在中国共产党第十九次全国代表大会上的报告[N]. 人民日报，2017-10-28（1）.

② 阎波. 中国建筑师与地域建筑创作研究[D]. 重庆：重庆大学，2011.